技工院校"十四五"规划服装设计专业系列教材
中等职业技术学校"十四五"规划艺术设计专业系列教材

服装效果图与款式图表现实训

张晶晶 赖正媛 刘智志 曹雪 主编

李津真 陈婕 阮燕妹 副主编

华中科技大学出版社
http://www.hustp.com
中国·武汉

内容提要

　　本书从分析服装效果图与款式图的概念入手，引导学生识别服装效果图与款式图。服装人体表现项目引导学生正确分析服装人体的比例、重心规律，由浅入深地绘制人体动态草图及服装人体。服装配件表现项目帮助学生养成先整体后局部的观察和表现习惯。合体型服装效果图与款式图表现项目、宽松型服装效果图与款式图表现项目引导学生从款式、材料、色彩等方面分析每款服装的特点，学习服装效果图的上色表现技法，引导学生想象服装背面款式与正面款式之间的关联，并绘制服装正面、背面款式图。服装效果图与款式图作品赏析项目分析了服装效果图、款式图的艺术价值及实际应用意义。本书学习任务层层递进，学习目标设计明确，思路清晰，有条理，较为适合学生学习。

图书在版编目（CIP）数据

服装效果图与款式图表现实训 / 张晶晶等主编 . — 武汉：华中科技大学出版社，2021.6
　ISBN 978-7-5680-7250-2
　Ⅰ.①服… Ⅱ.①张… Ⅲ.①服装设计－效果图－绘画技法 Ⅳ.① TS941.28
中国版本图书馆 CIP 数据核字 (2021) 第 115900 号

服装效果图与款式图表现实训
Fuzhuang Xiaoguotu yu Kuanshitu Biaoxian Shixun

张晶晶　赖正媛　刘智志　曹雪　主编

策划编辑：金　紫
责任编辑：梁　任
责任校对：李　琴
装帧设计：金　金
责任监印：朱　玢
出版发行：华中科技大学出版社（中国·武汉）　　　电　　话：（027）81321913
　　　　　武汉市东湖新技术开发区华工科技园　　　　邮　　编：430223
录　　排：天津清格印象文化传播有限公司
印　　刷：湖北新华印务有限公司
开　　本：889mm×1194mm　1/16
印　　张：7.5
字　　数：229 千字
版　　次：2021 年 6 月第 1 版第 1 次印刷
定　　价：49.80 元

● 合作编写单位

（1）合作编写院校

广州市工贸技师学院	广州市蓝天高级技工学校
佛山市技师学院	茂名市交通高级技工学校
广东省交通城建技师学院	广州城建技工学校
广东省轻工业技师学院	清远市技师学院
广州市轻工技师学院	梅州市技师学院
广州白云工商技师学院	茂名市高级技工学校
广州市公用事业技师学院	广东汕头市高级技工学校
山东技师学院	广东省电子信息高级技工学校
江苏省常州技师学院	东莞实验技工学校
广东省技师学院	珠海市技师学院
台山敬修职业技术学校	广东省工业高级技工学校
广东省国防科技技师学院	广东省工商高级技工学校
广东工业大学华立学院	深圳市携创高级技工学校
广东省华立技师学院	广东江南理工高级技工学校
广东花城工商高级技工学校	广东羊城技工学校
广东岭南现代技师学院	广州市从化区高级技工学校
广东省岭南工商第一技师学院	肇庆市商业技工学校
阳江市第一职业技术学校	广州造船厂技工学校
阳江技师学院	海南省技师学院
广东省粤东技师学院	贵州省电子信息技师学院
惠州市技师学院	广东省民政职业技术学校
中山市技师学院	广州市交通技师学院
东莞市技师学院	
江门市新会技师学院	
台山市技工学校	
肇庆市技师学院	
河源技师学院	

（2）合作编写组织

广州市赢彩彩印有限公司
广州市壹管念广告有限公司
广州市璐鸣展览策划有限责任公司
广州波错展览设计有限公司
广州市风雅颂广告有限公司
广州质本建筑工程有限公司
广东艺博教育现代化研究院
广州正雅装饰设计有限公司
广州唐寅装饰设计工程有限公司
广东建安居集团有限公司
广东岸芷汀兰装饰工程有限公司
广州市金洋广告有限公司
深圳市千千广告有限公司
广东飞墨文化传播有限公司
北京迪生数字娱乐科技股份有限公司
广州易动文化传播有限公司
广州市云图动漫设计有限公司
广东原创动力文化传播有限公司
菲逊服装技术研究院
广州珈钰服装设计有限公司
佛山市印艺广告有限公司
广州道恩广告摄影有限公司
佛山市正和凯歌品牌设计有限公司
广州泽西摄影有限公司
Master 广州市爅大师艺术摄影有限公司

序 言

技工教育和中职中专教育是中国职业技术教育的重要组成部分，主要承担培养高技能产业工人和技术工人的任务。随着"中国制造2025"战略的逐步实施，建设一支高素质的技能人才队伍是实现规划目标的必备条件。如今，国家对职业教育越来越重视，技工和中职中专院校的办学水平已经得到很大的提高，进一步提高技工和中职中专院校的教育、教学和实训水平，提升学生的职业技能，弘扬和培育工匠精神，已成为技工院校和中职中专院校的共同目标。而高水平专业教材建设无疑是技工院校和中职中专院校教育特色发展的重要抓手。

本套规划教材以国家职业标准为依据，以综合职业能力培养为目标，以典型工作任务为载体，以学生为中心，根据典型工作任务和工作过程来设计教学项目和学习任务。同时，按照工作过程和学生自主学习的要求进行内容设计，实现理论教学与实践教学合一、能力培养与工作岗位对接合一、实习实训与顶岗工作合一。

本套规划教材的特色在于，在编写体例上与技工院校倡导的"教学设计项目化、任务化，课程设计教、学、做一体化，工作任务典型化，知识和技能要求具体化"紧密结合，体现任务引领实践的课程设计思想，以典型工作任务和职业活动为主线设计教材结构，以职业能力培养为核心，将理论教学与技能操作相融合作为课程设计的抓手。本套规划教材在理论讲解环节做到简洁实用，深入浅出；在实践操作训练环节体现以学生为主体的特点，创设工作情境，强化教学互动，让实训的方式、方法和步骤清晰，可操作性强，并能激发学生的学习兴趣，促进学生主动学习。

本套规划教材由全国40余所技工院校和中职中专院校服装设计专业共60余名一线骨干教师与20余家服装设计公司一线服装设计师联合编写。校企双方的编写团队紧密合作，取长补短，建言献策，让本套规划教材更加贴近专业岗位的技能需求，也让本套规划教材的质量得到了充分的保证。衷心希望本套规划教材能够为我国职业教育的改革与发展贡献力量。

技工院校"十四五"规划服装设计专业系列教材
总主编
中等职业技术学校"十四五"规划艺术设计专业系列教材

教授／高级技师 文健

2021 年 5 月

前　言

　　服装设计是一门实用艺术，一名优秀的服装设计师不仅要绘制出极具张力和创意的服装画，还要关注穿着者的感受，严谨地思考服装的廓形、比例和内部结构，实现服装艺术性与功能性的完美结合。兼具艺术性与严谨性的服装效果图和款式图，是服装设计师表达设计意图的语言，对服装设计师的个人成长有着决定性的作用。

　　本书正是着眼于服装的艺术性与实用性，首先介绍了服装效果图和款式图的概念和绘制工具，然后学习服装人体比例、重心规律和人体动态；学生具备了服装人体的表现能力之后，再以服装配件为切入点，培养先整体后局部的观察和表现习惯。服装可分为合体型和宽松型两大类，学生可先学习与人体贴合较为紧密的合体型服装效果图和款式图的绘制，再逐渐增加难度，过渡到需要控制服装与人体空间距离的宽松型服装效果图和款式图的绘制，让学生充分地体会服装与人体的空间关系。本书服装表现实例类型丰富，覆盖了职业、休闲、礼服等多种类别的服装，服装面料、色彩、肌理等方面也各有不同，具有典型性。每款服装表现实例都从款式、色彩、材料三个角度分析了服装的特点，且包含了详细的绘制步骤服装效果图、多样化的绘制工具、难度递进的表现技法，符合学生的认知规律，适合学生逐步深入学习。每款服装表现实例都提供了服装正面、背面款式图的绘制示范，让学生在学习服装设计之前就养成严谨的思考习惯，理解服装款式图的绘制要求和要点，对服装廓形、风格、细节的前后一致性产生感性认识。最后，本书通过赏析服装效果图与款式图，再次引导学生回到服装实用艺术的设定，明确学习方向。

　　本书项目一由刘智志编写；项目二由曹雪编写；项目三、项目四的学习任务四以及项目五的学习任务三和学习任务五由赖正媛编写；项目四的学习任务一，项目五的学习任务一、学习任务二、学习任务四由张晶晶编写；项目四的学习任务二和学习任务三由陈婕编写；项目四的学习任务五由李津真编写；项目六由阮燕妹编写。本书在编写过程中得到了广东省轻工业技师学院、阳江市第一职业技术学校、江苏省常州技师学院、河源技师学院、茂名市交通高级技工学校、广州市蓝天高级技工学校教师们的大力支持，在此表示衷心的感谢。由于编者的学术水平有限，本书可能存在一些不足之处，敬请读者批评指正。

张 晶 晶

2021 年 3 月

课时安排（建议课时 120）

项目	课程内容		课时	
项目一 服装效果图与款式图 概述	学习任务一 服装效果图的基本知识	1		4
	学习任务二 服装款式图的基本知识	1		
	学习任务三 服装效果图与款式图常用的绘画工具	2		
项目二 服装人体表现	学习任务一 服装人体比例	2		12
	学习任务二 服装人体运动规律	2		
	学习任务三 绘制动态服装人体草图	4		
	学习任务四 绘制服装人体	4		
项目三 服装配饰表现				16
项目四 合体型服装效果图 与款式图表现	学习任务一 合体型连衣裙效果图与款式图表现	8		40
	学习任务二 合体型职业套装效果图与款式图表现	8		
	学习任务三 合体型休闲装效果图与款式图表现	8		
	学习任务四 合体型蕾丝小礼服效果图与款式图表现	8		
	学习任务五 合体型婚纱效果图与款式图表现	8		
项目五 宽松型服装效果图 与款式图表现	学习任务一 夏季宽松型休闲装效果图与款式图表现	8		44
	学习任务二 春秋季宽松型休闲装效果图与款式图表现	8		
	学习任务三 宽松型大衣效果图与款式图表现	8		
	学习任务四 宽松型羽绒类服装效果图与款式图表现	8		
	学习任务五 宽松型皮草类服装效果图与款式图表现	12		
项目六 服装效果图与款式图 作品赏析	学习任务一 服装效果图作品赏析	2		4
	学习任务二 服装款式图作品赏析	2		

目 录

项目一
服装效果图与款式图概述

服装效果图的基本知识

教学目标

（1）专业能力：了解服装效果图的基本概念，以及服装效果图与服装画、时装插画的区别。

（2）社会能力：引导学生搜集、归纳和整理服装效果图和服装画、时装插画案例，并进行分析。

（3）方法能力：信息和资料搜集能力，案例分析能力，归纳总结能力。

学习目标

（1）知识目标：能描述服装效果图与服装画、时装插画的区别，阐述各自的特点。

（2）技能目标：能鉴别并区分服装效果图与服装画、时装插画。

（3）素质目标：提高信息和资料的搜集、分析、总结能力。

教学建议

1. 教师活动

（1）教师通过展示服装效果图与服装画、时装插画，让学生了解三者之间的区别。

（2）教师帮助学生了解服装效果图与服装画、时装插画不同的表现目的、画风、绘制要求和应用领域。

2. 学生活动

（1）观察教师提供的服装效果图与服装画、时装插画，思考图片的不同绘画风格和绘制细节，说出自己的观点。

（2）记录服装效果图与服装画、时装插画不同的表现目的、画风、绘制要求和应用领域。

一、学习问题导入

什么是服装效果图呢？服装效果图有哪些特点和表现方式呢？观察如图 1-1 所示的两张图片，思考它们有什么不同。

图 1-1 服装效果图

二、学习任务讲解

1. 服装效果图的基本概念

服装效果图是指人体穿着服装展现效果的图纸，是服装设计工作者必须熟练掌握的绘制服装画的技能，是表现服装设计意念的必要手段。所有服装行业的从业人员都应学会阅读和绘制服装效果图。

2. 服装效果图的表现特点

服装效果图以传达服装款式为目的，一张清晰的服装效果图必须做到以下几点。

（1）正确表达服装的长短比例和宽松程度。

（2）正确绘制服装款式中衣片的分割线和结构线。

（3）正确表现服装零部件，如领子、袖子、门襟、口袋的位置和比例。

（4）准确表现服装材料、色彩、肌理的分布面积。

艺术化的服装效果图越来越被人们重视，它的功能不断扩大，形式也不断增多，被广泛地运用到服装广告、宣传和插图等方面，已发展为一种新的艺术形式。

3. 服装效果图与服装画、时装插画的区别

服装效果图是运用艺术表现的手法直观地反映服装的风格、魅力与特征的，充满艺术美感和活力。服装设计师们绘制服装效果图的手法多样：有的采用写实手法，画得很精致；有的采用速写手法，画得很概括，如图 1-2 所示。

图1-2 服装效果图 王桂璇 作

　　服装画是以绘画为基本手段，通过丰富的艺术处理方法来体现服装设计造型和整体气氛的一种艺术表现形式。服装画是服装设计进程的一部分，也是服装流行信息交流的一种有效媒介。服装画一般应表现出服装款式的设计、内在结构线、装饰线，服装面料的品种、质地和图案的特点，以及色彩的搭配效果和服装上局部的装饰物；同时，也要表现出服装设计的风格，穿着者的个性，以及穿着时的环境气氛。如图1-3所示，画面采用古典绘画的方式进行细致的描绘，无论人物本身、人物服饰，还是周围环境，都进行了细腻、写实的表现。混沌的星空与细致的绘画技法共同营造了一种梦幻的气氛。

　　时装插画是一种根据文章内容或编辑风格的需要而绘制的用于活跃版面视觉效果的时装插图。它可以不具体表现时装款式、色彩、面料的细节，主要通过画面吸引读者，常用于时装报纸、时装杂志、时装海报、POP广告产品样本中。时装插画以简洁、夸张的形式，富有魅力的形象，达到加强视觉印象的目的。

　　时装插画是时尚服装产业发展过程中产生的具有浓厚商业色彩的绘画表现形式，其以鲜明、清晰、多样的艺术表现手法来展现时装的款式、风格、色彩、面料材质和设计理念，将时装的"美"完整、多层次地展现在受众面前，如图1-4和图1-5所示。

图1-3 古典风格服装画
Melanie Delon 作

图1-4 时装插画1

时装插画的艺术多样性符合时代的创新需求，满足了现代艺术的多元需求。从创作者、受众和学习者的角度来说，时装插画艺术的多样性给予了他们充分的自主空间，让时装插画作品的艺术审美效果更加异彩纷呈，引人注目。

图1-5 时装插画2

三、学习任务小结

通过本次课程的学习，同学们已经能够区分服装效果图与服装画、时装插画，同时了解了三者各自的表现方式和表现特点。服装效果图应用于服装设计生产流程，衔接服装设计师和服装制版师的工作。在今后的学习中，同学们要以实践应用为目的，准确地绘制服装效果图，清晰地表达自己的设计意图。课后，同学们可针对本次学习内容进行相应归纳、总结，完成相关的作业练习。

四、课后作业

搜集30幅服装效果图与服装画、时装插画作品，分析其绘制风格、款式表达的异同，并制作成PPT进行展示与汇报。

学习任务 二　服装款式图的基本知识

教学目标

（1）专业能力：了解服装款式图的作用；了解服装款式图的绘制要求；掌握服装款式图常见的绘制方法。

（2）社会能力：引导学生搜集、归纳和整理服装款式图作品，并进行分析。

（3）方法能力：信息和资料搜集能力，案例分析能力，归纳总结能力。

学习目标

（1）知识目标：了解服装款式图的作用、绘制要求和绘制方法。

（2）技能目标：能绘制服装款式图。

（3）素质目标：手绘表现能力、形体造型能力、归纳总结能力。

教学建议

1. 教师活动

（1）教师通过展示服装款式图，讲解服装款式图的作用、绘制要求和绘制方法。

（2）教师引导学生假想自己身为服装制版师，希望看到什么样的服装款式图，并记录学生观点。

（3）教师从学生的观点中归纳服装款式图的特点和要求。

2. 学生活动

（1）理解服装款式图的作用、绘制要求和绘制方法，并说出自己的观点。

（2）记录教师归纳的服装款式图的特点和要求。

一、学习问题导入

观察如图 1-6 所示的图片，分析图中除了绘制服装效果图的基本要素之外，还绘制了什么。

二、学习任务讲解

1. 服装款式图的概念

服装款式图是着重表现服装平面图特征、含有细节说明的设计图。

2. 服装款式图的作用

（1）服装款式图在企业生产中作为样图，起着规范指导的作用。

服装企业在进行批量服装生产时，由于工序繁杂，每一道工序的生产人员都必须根据样品及样图的要求进行操作，不能有任何改变，否则就要返工。

（2）服装款式图是服装设计师意念构思的表达。

每个服装设计师设计服装时，都会事先根据实际需要在大脑里构思服装款式的特点。设计创意可以很丰富，但是要将设计创意和构思转化为现实就必须绘制服装款式图。

（3）服装款式图能够快速地记录印象。

图 1-6 服装款式图 1

由于服装款式图绘画比服装效果图绘画简单，并能够快速地把款式的特点表现出来，因此在服装企业里设计师更多的是画服装款式图。另外，在看时装表演或者进行市场调查时，需要快速记录服装特点，一般都是画服装款式图，如图 1-7 所示。

3. 服装款式图的绘制方法

（1）用尺子辅助绘制服装款式图。

用尺子辅助绘制的服装款式图的效果没有徒手绘制的生动。这种图要求绘画严谨、规范、清晰，一般用来指导生产，在企业中运用较多，又称为"生产款式图"。

（2）用软件绘制服装款式图。

现在很多企业借助 CorelDRAW 软件绘制服装款式图，绘制效果好，效率高。

（3）徒手绘制服装款式图。

徒手绘制的服装款式图线条比较流畅，有活力，轻松自然，没有生产款式图严谨，多为设计手稿，是表达服装设计师设计意念的概念草图，也是服装设计师用来和客户沟通的依据。可以说手绘服装款式图是电脑绘图的原始创意，要想用电脑绘制好服装款式图，应先具备手绘服装款式图的能力。

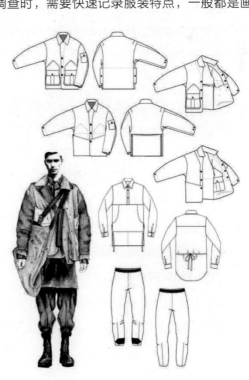

图 1-7 服装款式图 2

4.服装款式图的绘制要求

服装款式图的绘制不仅应满足制作工艺的科学性和结构比例的准确性，还应符合人体结构比例，例如肩宽、衣长、袖长之间的比例等。

（1）比例。

服装款式图的绘制应注意服装外形及服装细节的比例关系。在绘制服装款式图之前，绘制者应该详尽了解所画服装的所有比例，这是因为不同的服装有不同的比例关系。绘制服装比例时，可以按照"从整体到局部"的方法，先绘制服装的外形及主要部位之间的比例，如服装的肩宽与衣身长度的比例，裤子的腰宽和裤长的比例，领口和肩宽的比例，腰头宽度与腰头长度的比例等。把握好这些比例之后，再调整局部与整体之间的比例关系。

（2）对称。

如果沿人的眉心、人中和肚脐画一条垂直线，并以这条垂直线为中心线，人体的左右两部分是对称的。由于人体的结构特点，服装的主体结构必然呈现出对称的结构，对称不仅是服装的特点和规律，而且很多服装因对称而产生美感，因此在服装款式图的绘制过程中，一定要注意服装的对称规律。凡是需要对称的部位一定要左右对称，如领子、袖子、口袋等部位。

初学者在手绘服装款式图时可以使用"对折法"来绘制服装款式图，即先画好服装的一半（左或右），然后再沿中线对折，描画另一半，这种方法可以轻易地画出左右对称的服装款式图。用电脑软件来绘制时，则只要画出服装的一半，然后再对另一半进行镜像处理即可获得对称的服装款式图。

（3）线条。

服装款式图的线条表现要清晰、圆滑、流畅，虚实线条要分明，因为服装款式图中的虚实线条代表不同的工艺要求。例如，服装款式图中的虚线一般表示缝迹线，有时也表示装饰明线；实线一般表示裁片分割线或外形轮廓线。在制版和缝制时虚线和实线有着完全不同的意义。服装款式图大部分是由线条绘制而成，因此在绘制时要注意线条的准确和清晰，不可模棱两可，如果画得不准确或画错线条，一定要用橡皮擦干净，绝对不可以保留，否则会误导制版人员和打样人员。

服装款式图可以利用四种线条来绘制，即粗线、中粗线、细线和虚线。粗线主要用来表现服装的外轮廓，中粗线主要用来表现服装的内部结构，细线主要是用来刻画服装的细节部分和一些结构比较复杂的部分，虚线主要是用来表示服装的辑明线部位，有很多种类。

（4）文字说明。

在服装款式图绘制完成后，为了方便制版人员和打样人员更准确地完成服装的制版和打样，还应进行必要的文字说明。文字说明包括服装的设计思想，成衣的具体尺寸（如衣长、袖长、袖口宽、肩斜、前领深、后领深等），工艺制作的要求（如明线的位置和宽度、服装印花的位置和特殊工艺要求、扣位等），以及面料的搭配和服装款式图中无法表达的细节。

（5）面辅料小样。

在服装款式图上一般要附上面辅料小样，如扣子、花边以及特殊的装饰材料等。这样可以使服装生产者更直观地了解设计师的设计意图，也为服装在生产过程中采购辅料提供了重要的参考依据。

（6）局部细节。

服装款式图要求绘制者必须清晰描绘服装，并注意刻画细节，如果画面太小，则可以用局部放大的方法展示服装的细节，也可以用文字说明的方法交代清楚服装的细节。

三、学习任务小结

通过学习，同学们已经了解了服装款式图的作用、绘制方法和要求，在接下来的学习中，我们将会结合实例进行服装效果图和相应服装款式图的绘制训练。课后，同学们可归纳总结所学内容，完成相关的作业练习。

四、课后作业

搜集服装款式图范例，选出服装效果图较好的图例，制作成 PPT 进行汇报和分享。

学习任务 三 服装效果图与款式图常用的绘画工具

教学目标

（1）专业能力：了解服装效果图与服装款式图常用的绘画工具及其表现效果。

（2）社会能力：引导学生搜集、归纳和整理作品案例，并进行分析。

（3）方法能力：信息和资料搜集能力，案例分析能力，归纳总结能力。

学习目标

（1）知识目标：能了解服装效果图与服装款式图常用的绘画工具的性能、特点和表现效果。

（2）技能目标：能熟练运用服装效果图与服装款式图常用的绘画工具。

（3）素质目标：手绘表现能力、形体造型能力。

教学建议

1. 教师活动

（1）教师展示各种不同的上色工具，引导学生进行识别。

（2）教师展示不同上色工具绘制的服装效果图，引导学生归纳其中面料质感、风格的区别。

2. 学生活动

记录教师展示的上色工具名称，观察不同上色工具绘制的服装效果图，归纳其中面料质感、风格的区别，表达自己的观点。

一、学习问题导入

工欲善其事，必先利其器。服装效果图与款式图的绘制离不开好的绘画工具。只有熟练地掌握这些绘画工具的性能、特点和绘制技巧，才能更好地表现出服装效果图和款式图的效果。

二、学习任务讲解

1. 绘画工具

（1）铅笔。

铅笔是绘画的基础工具，也是常用的造型绘制工具。它具有勾线和涂抹的使用功能，能在单一的色调之中表现出丰富的黑白灰效果和彩色效果，且易修改。铅笔根据特点可以分为传统铅笔、自动铅笔和彩色铅笔，如图1-8所示。

图1-8 铅笔

① 传统铅笔。传统铅笔是常用的绘画工具，其型号有"H"型和"B"型。H代表硬度，数值越大，硬度越高，如2H、3H、4H；B代表颜色的深浅程度，数值越大，颜色越深，如2B、3B、4B。

② 自动铅笔。自动铅笔是不用卷削、能自动或半自动出芯的铅笔。自动铅笔笔芯均匀，画出的线条清晰细腻，没有粗细变化，但可以根据铅芯的不同而绘制出有限的颜色深浅变化。按出芯方式，自动铅笔可分为坠芯式、旋转式、脉动式和自动补偿式。在进行服装效果图和服装款式图绘制时，自动铅笔常用于外形轮廓的初步勾勒和绘制。

③ 彩色铅笔。彩色铅笔简称"彩铅"，是常用的着色工具。彩色铅笔有勾线和平涂两种画法，一般以平涂为主，在使用时可根据需要结合少量的线条表现。使用彩色铅笔绘画时，采用的纸张以粗糙的纸质为宜。用水溶性彩色铅笔还能画出类似水彩的效果。

（2）蜡笔。

蜡笔的特点是笔触宽大，色彩丰富、鲜明，绘画者灵活运用可达到丰富而独特的艺术效果，如图1-9所示。

（3）色粉笔。

色粉笔是彩色粉笔的简称。用色粉笔作画便捷，绘画效果独特，既可进行勾线，也可画出大面积的背景色彩。色粉笔可用于各种有色纸张，但是色彩的牢固度偏低，绘制完成后需喷上定画液，如图1-10所示。

图 1-9 蜡笔　　　　　　　　　　图 1-10 色粉笔

（4）马克笔。

马克笔又称麦克笔，它的特点是能迅速表现出服装的大色块效果。马克笔分为酒精性、油性和水性，笔头形状分为尖形和斧头形。服装效果图多用水性马克笔，这是因其易于表现格子面料、毛呢面料等硬挺的服装，如图 1-11 所示。

（5）水粉颜料。

水粉颜料是较常用的绘画颜料。其覆盖力强，可涂色修改，能准确表现出服装的色彩和质感，也可深入细致地刻画出服装的细节，如图 1-12 所示。

图 1-11 马克笔　　　　　　　　图 1-12 水粉颜料

（6）水彩颜料。

水彩颜料颗粒较细，与水溶解后晶莹透明，在绘制服装时常采用淡彩画技法。水彩颜料可分为铅笔淡彩和钢笔淡彩。水彩颜料使用快捷，能够较好地表现空间的氛围和意境，效果清新、明快，是绘制服装常用的基础工具，如图 1-13 所示。

（7）丙烯颜料。

丙烯颜料是一种人工聚合颜料，色泽鲜艳，附着力强，干燥快，有抗水性。丙烯颜料可用水稀释，利于清洗，着色层干燥后失去可溶性，持久性好。它具有一般水溶性颜料的操作特性，被用于服装绘制中，并可直接用于绘制文化衫，如图 1-14 所示。

（8）毛笔。

毛笔是源于中国的传统书写和绘画工具。按照不同的原料和性能，毛笔可以分为软毫、硬毫和兼毫。毛笔可以展现中国传统书法和绘画特有的笔墨技巧，非常适合用于具有中国风的服装表现，如图 1-15 所示。

图 1-13 水彩颜料

图 1-14 丙烯颜料

图 1-15 毛笔

（9）卡纸。

卡纸的纸质厚实，表面光滑，白卡纸分为 A、B、C 三个等级。A 等的白度不低于 92%，B 等的白度不低 87%，C 等的白度不低于 82%。在卡纸上绘制的服装颜色清晰鲜艳，因此可用来表现各种类型的服装效果图。卡纸包括白卡、黑卡、彩卡等众多品种，如图 1-16 所示。

（10）水粉纸。

水粉纸是专门画水粉画的纸，这种纸质地较厚，有纹理，吸水性比普通纸强，纸面纤维较粗，纹路自然，常用于水粉服装效果图的表现。

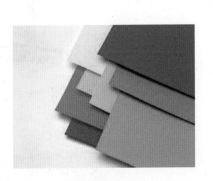

图 1-16 卡纸

（11）水彩纸。

水彩纸是指专门画水彩画的纸，水彩纸纸面白净，纤维较细，吸水性好，常用于水彩服装效果图的表现。绘制时最好裱在画板上，以免水彩纸在上色后变得凹凸不平，影响作画。

2. 不同绘画工具表现的服装效果图

不同的绘画工具表现的画面效果各不相同。彩色铅笔适合表现质地粗糙的面料，如牛仔、毛呢、毛织等。水彩清新、透明，适合表现飘逸、轻薄的面料，尤其适合表现面料图案的变化。水粉质地厚重、艳丽，适合表现质地厚实、肌理丰富，色彩对比丰富的面料。不同绘画工具表现的服装效果图如图 1-17 ～图 1-21 所示。

图 1-17 彩色铅笔、水彩服装效果图表现

图 1-18 马克笔服装效果图表现

图 1-19 彩色铅笔服装效果图表现

图 1-20 水彩服装效果图表现

图 1-21 水粉服装效果图表现

三、学习任务小结

通过本次课程的学习，同学们已经初步了解了服装效果图和服装款式图常用的绘画工具的性能、特点和表现技巧。课后，同学们可结合所学内容，搜集相关资料进行归纳总结，提升对绘画工具的深层次认识。

四、课后作业

搜集各类绘画工具表现的服装效果图和款式图，并制作成 PPT 进行展示和欣赏。

项目二
服装人体表现

服装人体比例

教学目标

（1）专业能力：了解服装人体与真实人体的不同之处、各部位的形态和名称；分析男女服装人体的体型差异；根据比例要求绘制女性静态的服装人体；举一反三绘制不同比例的女性正面静态服装人体。

（2）社会能力：关注服装行业设计类公司常用的设计稿规格，搜集设计公司的服装人体模板，分析不同公司、不同风格服装人体的特点。

（3）方法能力：人体曲线的观察能力，信息和素材资料搜集能力，不同比例服装人体的共性和特色的提炼及应用能力。

学习目标

（1）知识目标：描述服装人体各部位的名称及形状特点；描述服装人体与真实人体的不同；描述服装人体的具体比例及绘制要求等知识。

（2）技能目标：独立绘制服装人体的能力；观察分析男女人体的体型差异和不同比例服装人体的能力。

（3）素质目标：培养信息搜集、整理能力；提升细节观察能力和语言表达能力。

教学建议

1. 教师活动

（1）教师通过向学生展示和分析真实人体和服装人体的差异，提高学生对服装人体的直观认识。同时，运用多媒体课件、教学视频等多种教学手段，分析服装人体各部位形状特点及名称，指导学生进行服装人体比例绘制练习。

（2）构建有效促进学生主动探索、自主学习的教学模式。采用多元化评价模式，将个人、小组和教师三方评价结合起来。让学生学会自我评价，教师观察学生评价和学习的过程，结合行业评价标准进行总结并提出改进建议。

2. 学生活动

选取优秀的学生作业进行展示和讲解，训练学生的语言表达能力和沟通协调能力。

一、学习问题导入

服装人体是服装效果图绘制的基础，无论是接近正常比例的服装设计效果图还是夸张的创意时装画，都是在遵循人体结构、比例的基础上进行的艺术加工和处理。绘制服装效果图除了需要了解人体的骨骼和结构外，还要熟悉人体的形态，这是绘制服装效果图的基础。

二、学习任务讲解

1. 服装人体各部位形状

椭圆形、圆柱形、梯形、扇形、圆形这几个简单的形状可以概括服装人体的基本结构，但想精准地表达服装人体需要关注各个形状之间的差异。颈部、上臂、前臂、大腿、小腿都可以概括为圆柱形。因各部位骨骼、肌肉的线条不同，颈部、上臂为两头粗中间细的圆柱体，而前臂、大腿、小腿为上粗下细的圆柱形，如图 2-1 所示。

2. 正面静态服装人体比例

在服装效果图中人体的基本单位是"头长"，正常人体比例为 7.5 ～ 8 头长，服装人体将腿部拉长进行夸张化处理，常见的比例有 9 头长、10 头长、11 头长、12 头长等正面静态服装人体比例，如图 2-2 所示。

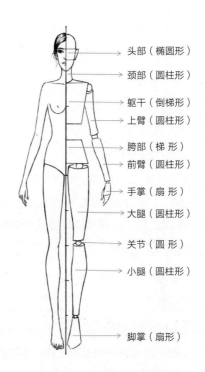

头部（椭圆形）
颈部（圆柱形）
躯干（倒梯形）
上臂（圆柱形）
胯部（梯形）
前臂（圆柱形）
手掌（扇形）
大腿（圆柱形）
关节（圆形）
小腿（圆柱形）
脚掌（扇形）

图 2-1 服装人体各部位形状

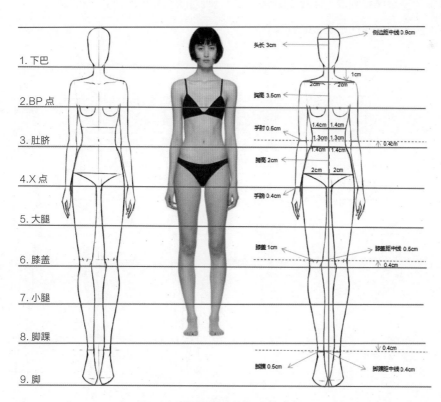

1. 下巴
2. BP 点
3. 肚脐
4. X 点
5. 大腿
6. 膝盖
7. 小腿
8. 脚踝
9. 脚

头长 3cm
侧位距中线 0.9cm
1cm
2cm   2cm
胸宽 3.5cm
手肘 0.5cm
1.4cm 1.4cm
1.3cm 1.3cm
0.4cm
1.4cm 1.4cm
脚高 2cm
2cm   2cm
手腕 0.4cm
膝盖 1cm
膝盖距中线 0.5cm
0.4cm
0.4cm
脚踝 0.5cm
脚踝距中线 0.4cm

图 2-2 正面静态服装人体比例

3. 正面静态服装人体绘制步骤

（1）绘制辅助线。

以 3 cm 的头长为基本单位，绘制 9 头长的身体横向辅助线，绘制居中的服装人体中心线（重心线）。

（2）绘制躯干。

躯干由胸廓和胯廓两个部分组成，肩线从 1 头长处向下 1 cm，肩宽 4 cm（左右各 2 cm），胸高 3.5 cm，胸廓下缘宽 2.8 cm（左右各 1.4 cm）；胯位于 3 头长处，胯宽 2.8 cm（左右各 1.4 cm），胯高 2 cm，胯廓下缘宽 4 cm（左右各 2 cm）；腰线从 3 头长处向上 0.4 cm，腰宽 2.6 cm（左右各 1.3 cm）；肚脐点位于 3 头长处，宽 0.4 cm（左右各 0.2 cm）；连接胸廓、胯廓和肚脐点完成躯干的绘制。

（3）绘制头部。

头宽 1.8 cm（左右各 0.9 cm），以 1.8 cm 为直径绘制圆形；下颌角宽 1.4 cm（左右各 0.7 cm）；下巴宽 0.3 cm（左右各 0.15 cm）；连接头顶、下颌角和下巴完成头部绘制。

（4）绘制腿部。

膝盖从 6 头长处向上 0.4 cm，两膝盖间距 1 cm（中线向左右各 0.5 cm），膝盖宽 1 cm；脚踝从 8 头长处向下 0.4 cm，两脚踝间距 0.8 cm（中线向左右各 0.4 cm），脚踝宽 0.5 cm；两脚无间距，脚宽 1 cm；连接大腿、小腿和脚完成腿部的绘制。

（5）绘制胳膊。

手肘从 3 头长处向上 0.4 cm，手肘宽 0.5 cm；手腕位于 4 头长处，手腕宽 0.4 cm；手长 2.4 cm，手掌和手指的长度均为 1.2 cm，手掌扇形的大小根据不同手部动作来绘制；连接上臂、前臂和手，完成胳膊的绘制。

（6）绘制人体曲线。

胸廓因肋骨外凸呈现外凸形，腰部因仅有腰椎无其他骨骼而呈现内凹形，胯廓因胯骨的心形结构呈现外凸形；头部下颌角、下巴的转折可根据模特的个性进行直角和圆角的处理；大腿、小腿、前臂、上臂的曲线根据肌肉的曲线进行描绘。特别注意膝盖、小腿的外高内低，脚踝的内高外低，手肘的八字形。

正面静态服装人体绘制步骤如图 2-3 所示。

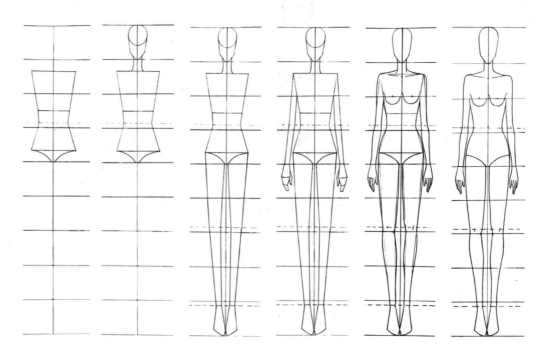

图 2-3 正面静态服装人体绘制步骤

4. 男性服装人体与女性服装人体比例的区别

男性服装人体与女性服装人体比例的区别主要在于骨盆。男性骨盆窄、肩略宽、上身略长，整体是一个倒梯形。女性肩宽与臀宽相当，整体如同沙漏形。男性服装人体的线条不能像女性服装人体一样柔顺、圆滑，要增加肌肉的转折感。正面静态男性服装人体与女性服装人体的对比如图 2-4 所示。

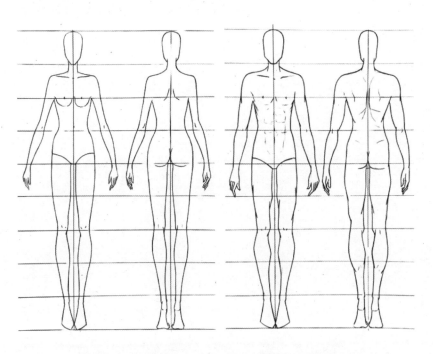

图 2-4 正面静态男性服装人体与女性服装人体的对比

三、学习任务小结

本次课程介绍了服装人体各部位的形状及名称，对比了真实人体和服装人体、男女服装人体的不同之处。通过讲解详细的绘制步骤和实操训练，同学们更加全面地认识了服装人体。课后，希望同学们按照所学方法和步骤练习绘制服装人体，并分析不同比例服装人体的绘制要点。

四、课后作业

（1）搜集 4 家服装设计公司的设计手稿，分析服装人体的特色。

（2）独立完成 3 张服装人体的绘制。

学习任务 二 **服装人体运动规律**

教学目标

（1）专业能力：了解人体运动的关键部位；分析动态服装人体的中心线、重心线、肩线、胯线；对比静态服装人体，总结动态服装人体的运动规律。

（2）社会能力：关注服装行业设计类公司常用的动态服装人体，搜集服装发布会动态服装人体模板素材。

（3）方法能力：对动态服装人体运动规律的观察能力、总结能力，信息和资料搜集能力，不同动态服装人体的共性和特色的提炼及应用能力。

学习目标

（1）知识目标：描述动态服装人体中心线和重心线的区别；了解动态服装人体肩线和胯线的运动规律；掌握动态服装人体的运动规律。

（2）技能目标：独立分析不同动态服装人体的运动规律。

（3）素质目标：培养信息的搜集和整理能力；提升细节观察能力和语言表达能力。

教学建议

1. 教师活动

（1）教师通过向学生展示和分析静态服装人体和动态服装人体的图片，引导学生分析动态服装人体的运动规律，提高学生的观察能力。同时，运用多媒体课件、教学视频等多种教学手段，分析常见的站姿、走姿服装人体，指导学生进行动态服装人体规律的学习。

（2）构建有效促进学生主动探索、自主学习的教学模式。采用多元化评价模式，将个人、小组和教师三方评价结合起来。让学生学会自我评价，教师观察学生评价和学习的过程，结合行业评价标准进行总结并提出改进建议。

2. 学生活动

选取优秀的学生作业进行展示和讲解，训练学生的语言表达能力和沟通协调能力。

一、学习问题导入

动态服装人体可以更好地展示服装设计的细节和特色。动态服装人体的中心线和重心线是分离的，重心线从锁骨窝位置出发垂直于地面，与服装人体的静态和动态无关，而中心线随着人体的动作发生倾斜和弯曲。躯干的运动规律是动态服装人体的关键。躯干的两大部分（胸廓和胯廓）始终呈相反方向运动，如图2-5所示。

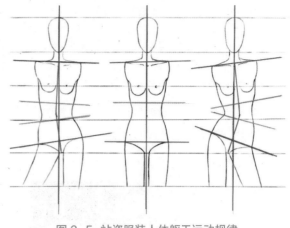

图2-5 站姿服装人体躯干运动规律

二、学习任务讲解

1. 站姿服装人体运动规律

站姿服装人体在遵循躯干运动规律的同时，还应注意两脚与重心线的关系，通常分为重心线在两脚中间、重心线靠近左脚、重心线靠近右脚三种状态。靠近重心线的腿为重心腿，重心线在两脚中间的则两腿均为重心腿，均分身体重量，如图2-6所示。

图2-6 站姿服装人体运动规律

2. 走姿服装人体运动规律

走姿服装人体在遵循躯干运动规律的同时，还应充分考虑行走时单腿着地，胳膊随身体摆动以维持平衡的姿态，因此，走姿服装人体要着重表现腿部和胳膊的前后运动关系。以黑色泳装模特为例，模特左侧胯部高于右侧胯部形成左腿在前、右腿离地，重心完全落在左腿的动态，右侧肩膀高于左肩膀，右胳膊在前、左胳膊在后，形成动态平衡。在绘制时除观察胯部、肩部的倾斜角度，还应注意位于后面的腿的透视关系，以便让整个动态更加自然，如图2-7和图2-8所示。

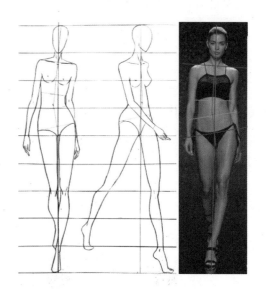

图 2-7 常见走姿人体　　　　　图 2-8 走姿服装人体运动规律

三、学习任务小结

本次学习任务介绍了动态服装人体躯干的运动规律，通过分析站姿和走姿的服装人体运动规律，让同学们对重心线不变、中心线随身体运动、肩线和胯线反方向运动这三大服装人体运动规律形成全面的认识。课后，希望同学们按照本次课程所学的服装人体运动规律试着绘制站姿和走姿的服装人体，并思考动态与静态服装人体绘制的区别。

四、课后作业

（1）搜集6款站姿、4款走姿模特图作为人体资料，要求是大面积暴露皮肤的模特图。

（2）选择1款站姿、1款走姿服装人体进行试绘，并总结其与静态服装人体绘制的不同之处。

学习任务 三 **绘制动态服装人体草图**

教学目标

（1）专业能力：了解动态服装人体草图的绘制步骤和方法。

（2）社会能力：搜集和整理站姿和走姿服装人体草图的常见姿态，并进行分析。

（3）方法能力：信息和资料搜集能力，案例分析能力，归纳总结能力。

学习目标

（1）知识目标：描述动态服装人体草图的观察要点和绘制步骤。

（2）技能目标：绘制站姿、走姿的服装人体草图。

（3）素质目标：细节观察能力，信息和资料的搜集、分析、总结能力。

教学建议

1. 教师活动

（1）教师通过展示动态服装人体草图，讲解不同动态服装人体的观察要点。

（2）让学生了解常见站姿、走姿服装人体的绘制要求、方法和步骤。

2. 学生活动

（1）观察教师提供的图片，理解不同动态服装人体的观察要点，表达自己的观点。

（2）根据教师的归纳，总结常见的站姿、走姿服装人体的绘制要求、方法和步骤，独立完成绘制。

一、学习问题导入

动态服装人体草图的绘制要重点把握人体的比例，以及人体和周边其他物体之间的比例关系，然后再进行服装细节和明暗关系的表达与塑造。动态服装人体草图的绘制就是关于人体比例，以及身体各部位动态关系的描绘。

二、学习任务讲解

站姿和走姿等常见的人体动态躯干运动规律通常分为中心线与重心线重合、中心线在重心线左侧、中心线在重心线右侧三种情况。这三种躯干情况搭配不同角度的四肢动作可以组合出丰富、多变的人体动态。

1. 站姿服装人体草图绘制

（1）观察真人动态特点。

从图2-9中可以观察到模特右侧胯部高于左侧，左侧肩膀略高于右侧，头略倾斜。右胳膊拿包紧贴身体，左胳膊弯曲抱住右胳膊。右腿重心腿略在后，左腿略在前。右膝盖位置比左膝盖高，左脚腕处转折，左右脚均向前。

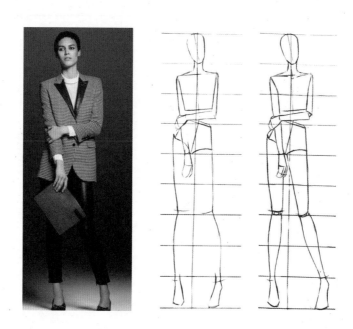

图2-9 站姿服装人体草图绘制步骤

（2）绘制站姿服装人体躯干草图。

重心线不变，中心线向模特左侧倾斜。注意肩线和胯线的倾斜度，肩线倾斜角度小，胯线倾斜角度大。

（3）绘制站姿服装人体下肢草图。

根据人体两个膝盖的上下关系进行膝盖的定位，并绘制出大腿外侧大致曲线。根据左右脚的上下关系，进行脚踝的定位，并绘制出小腿外侧大致曲线和脚部的转折。

（4）绘制站姿服装人体上肢草图。

右侧胳膊紧贴身体下垂，遮挡身体曲线，粗略交代四指分开的拿包的手部动作。左侧大臂紧贴身体，肘部弯曲抱住右侧胳膊，对手肘、手腕进行定位，绘制手臂外侧弧线。

（5）绘制站姿服装人体四肢内侧线条。

根据服装人体的比例完成四肢内侧线条的定位和绘制。走姿服装人体草图绘制示例如图 2-10 所示。

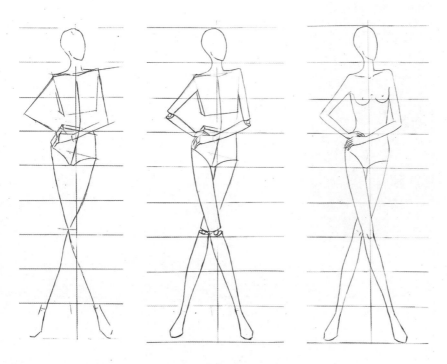

图 2-10　站姿服装人体草图绘制示例

2. 走姿服装人体草图绘制

（1）观察真人动态特点。

从图 2-10 中可以观察到模特左侧胯部高于右侧，右侧肩膀略高于左侧。头正，右手叉腰手部弯折，左手提包。左腿在前，右腿在后，左膝盖位置比右膝盖高，并遮挡一部分右膝盖。右脚高度大约位于左脚的脚后跟处，露出约 3 个脚趾。

（2）绘制走姿服装人体躯干草图。

重心线不变，中心线向模特右侧倾斜。注意肩线和胯线的倾斜度，肩线倾斜角度小，胯线倾斜角度大。

（3）绘制走姿服装人体下肢草图。

根据人体动态两个膝盖的上下关系和遮挡关系进行膝盖的定位，并绘制出大腿外侧大致曲线。根据左右脚的上下关系和遮挡关系进行脚踝的定位，并绘制出小腿外侧大致的曲线。

（4）绘制走姿服装人体上肢草图。

右侧上肢的手肘远离身体，上臂长度正常，前臂因透视关系视觉上变短，进行手肘的定位和手臂外侧弧线的绘制，完成弯折的手腕，粗略交代四指分开的手部动作。左侧上肢手肘贴近身体，手臂贴体自然下垂，长度正常，进行手肘和手臂外侧弧线的绘制，手腕自然，粗略交代手指捏紧链条的手部动作。

（5）绘制走姿服装人体四肢内侧线条。

根据服装人体的比例完成四肢内侧线条的定位和绘制。走姿服装人体草图绘制示例如图 2-11 和图 2-12 所示。

图 2-11　走姿服装人体草图绘制步骤

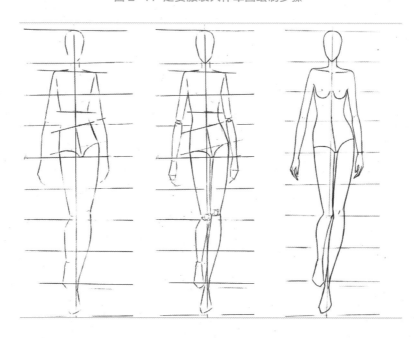

图 2-12　走姿服装人体草图绘制示例

三、学习任务小结

通过本次课程的学习，同学们已经初步掌握了站姿和走姿服装人体草图的绘制步骤和方法。动态服装人体草图是在熟练掌握人体基本比例知识和运动规律的基础上进行的绘制训练，需要着重观察四肢和身体各部位的动态关系和遮挡关系。课后，同学们可归纳、总结所学内容，完成相关的作业。

四、课后作业

搜集 10 幅不同真人动态，并完成动态服装人体草图的绘制，要求草图与真人动作一致、线条流畅。

学习任务

四

绘制服装人体

教学目标

（1）专业能力：了解服装人体头部、发型、手脚的结构特点，能独立绘制服装人体。

（2）社会能力：能搜集、归纳和整理不同服装人体的图片，并对其特色进行分析。

（3）方法能力：信息和资料搜集能力，案例分析能力，归纳总结能力。

学习目标

（1）知识目标：了解服装人体头部发型、手部、脚部的结构，以及绘制方法。

（2）技能目标：根据不同部位的绘制原则，独立完成服装人体的绘制。

（3）素质目标：信息和资料的搜集、分析、总结能力，手绘表现能力。

教学建议

1. 教师活动

（1）教师通过引导学生观察真人头部、发型、手部、脚部，让学生了解服装人体的绘制方法。

（2）教师引导学生从整体到局部地观察、绘制服装人体，让学生养成良好的绘画习惯。

2. 学生活动

（1）观察真人的头部、发型、手部、脚部的结构特点，思考服装人体的细节绘制要求。搜集不同服装人体的图片，并思考如何在服装人体细节的绘制中添加个性元素。

（2）与教师一起归纳服装人体的绘制方法和步骤，独立完成完整的服装人体的绘制。

一、学习问题导入

本次课程我们一起来学习服装人体头部、发型、手部、脚部的绘制，结合前面所学的知识完成完整的服装人体的绘制。请各位同学观察一下自己和同桌的五官，你们五官的相同之处是什么？为什么你们有这么多相同之处，却长得不一样呢？

二、学习任务讲解

1. 绘制头部

服装人体头部的细节较多，如内眼角低、外眼角高、眉峰约位于黑眼球的外侧等。在日常生活中，应注意对真人进行观察和总结，在绘制时要把握三庭五眼和左右对称的原则，以及线条的细微起伏。

（1）绘制三庭。

找出发际线位置，将面部平均分为3份，一庭到眉头、二庭到鼻底、三庭到下巴，耳朵位于第二庭，成贝壳状。

（2）绘制五眼，五官定位。

眼睛位于一庭眉头线下，确定位置后将两耳之间的距离平均分成5份。第2份和第4份为两只眼睛的位置，鼻头与第3份相等，即鼻头的宽度等于两眼之间的距离。嘴巴的下唇线位于第三庭的中间位置，比鼻头略大，如图2-13所示。

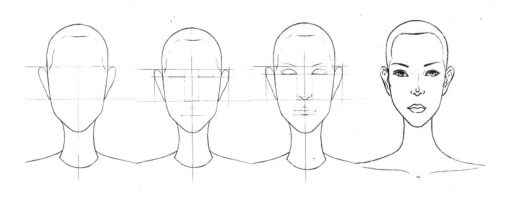

图 2-13　五官定位

（3）细化五官。

首先观察、理解五官的形状，例如眉头低，眉尾高，眼睛呈平行四边形。鼻头和两个鼻翼约为三等分，嘴巴呈橄榄形，上唇薄，下唇厚。其次根据面部对称原则绘制五官的轮廓，进行五官的定位。最后完善眉毛，绘制眼睛的双眼皮、睫毛和瞳孔，以及鼻孔、鼻梁，上下唇分界线、唇峰、耳轮廓等，五官细化时要将重点放在眉眼和嘴巴上，以此突出人物的个性。五官绘制步骤如图2-14～图2-17所示。

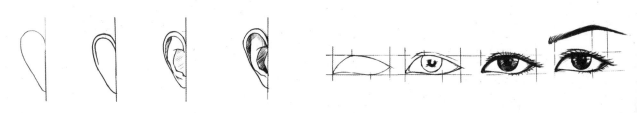

图 2-14　耳朵绘制步骤　　　　　　　　　　　图 2-15　眼睛绘制步骤

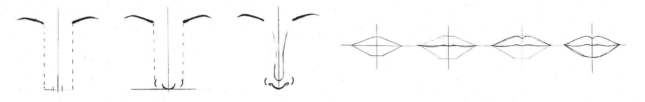

图 2-16 鼻子绘制步骤   图 2-17 嘴唇绘制步骤

2. 绘制发型

发型的种类很多，在服装人体的绘制中根据头发的形态分为短发和长发、束发和散发、直发和卷发三大对比形态。无论何种发型，其绘制都应从发型的块面出发，不要直接绘制发丝。

（1）超短发绘制。

超短发绘制步骤如下。

① 发型分区：根据发际线、发型分界线，绘制出左右顶区、左右侧区的大致发型分区，注意发型要比头型略大。

② 分区块面化：对发型的四个分区关键的发丝、头发的厚度进行简单的表达。

③ 发丝走向：简单交代各分区的发丝走向，短发左右侧区的头发剃短，无发丝走向，可对其进行简化，将绘制的重点放在左右顶区，发丝弧度是发型蓬松度的体现。

④ 细化发型：根据发型的分区和发丝的走向绘制发丝细节，细化发型，注意发丝的绘制要符合头发的生长规律。

超短发绘制步骤如图 2-18 所示。

图 2-18 超短发绘制步骤

（2）束发绘制。

束发的发型是顶区与侧区合并向后梳理成高、中、低或者半马尾，绘制时注意顶区、侧区的发丝要向后包裹头部，并向头发扎紧的位置汇合（图 2-19）。

（3）齐肩发绘制。

齐肩发的绘制是在左右顶区和左右侧区的基础上增加了颈部两侧后区头发的绘制（图 2-20）。

（4）散落的长直发和长卷发绘制。

散落的长直发和长卷发的绘制难度相对较高，除了左右顶区、左右侧区、颈部两侧后区的发型分区外，因为头发在肩部汇聚后散落在胸前，头发会在一定程度上扭曲、翻转形成新的分区，需要在绘制时更加仔细地观察模特的发型分区（图 2-21、图 2-22）。

图 2-19 束发绘制步骤

图 2-20 齐肩发绘制步骤

图 2-21 长直发绘制步骤

图 2-22 长卷发绘制步骤

3. 绘制手部

服装人体的手部特点可以用一个相等、两种线条和三条弧线来概括。一个相等是指手掌的长度等于手指的长度；两种线条是指手背用直线条表示骨感，手心和指腹用曲线条体现肉感；三条弧线是指手指长度不一，在绘制时要注意手掌与手指相接处弧型、拇指的长度与其他四指第一关节处在一条弧线上，四指的长度以中指为高点形成两侧自然向下的弧线，如图 2-23 所示。

服装人体手部绘制步骤如下。

① 绘制一个相等：根据手部的大小，平分为手指部分和手掌部分，手掌部分根据手部动作的不同角度概括成比例合适的扇形。

② 绘制三条弧线：找出拇指的长度和食指的转折处，注意拇指大鱼际处的自然起伏。

③ 绘制两种线条：食指指背的直线条转折清晰利落，指腹的曲线条饱满圆润，同时要配合指背的直线转折，直达指尖的绘制。

④ 细化手部：完成虎口和其他四指的绘制。绘制自然下垂、提包、握包等手部的动作时可以将其他四指适当弱化，叉腰等手部完全展示的造型，在绘制时要注意手指之间的遮挡关系（图 2-24）。

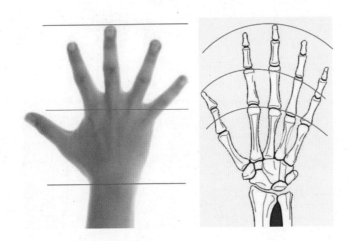

图 2-23 手部比例结构

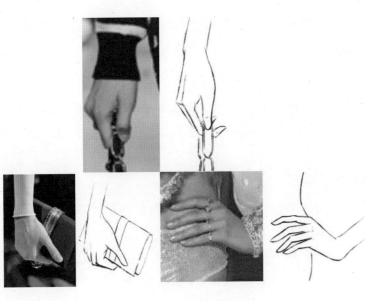

图 2-24 不同手部动作

手部绘制步骤如图 2-25 所示。

4. 绘制脚部

服装人体的脚部可以分为足尖、足弓、足跟三个部分。足尖和足弓可以概括为梯形，足跟可以概括为圆形，足部运动或穿着高跟鞋时，脚腕带动足跟和足弓上提与足尖形成一定的角度，如图 2-26 所示。

在绘制脚部时常会将足弓和足跟概括为扇形，足尖根据脚趾的长短绘制出弧度，大脚趾和小脚趾自然内收。因为有鞋子的遮挡脚趾不用过分细化，绘制脚部的关键在于鞋跟的高矮或运动幅度的大小所造成的脚部不同的透视关系。鞋跟越低，运动幅度越小，足跟和足弓的扇形打开幅度越大，脚部长度越短；反之，鞋跟越高，运动幅度越大，足跟和足弓的扇形打开幅度越小，脚部长度越长（图 2-27）。

图 2-25 手部绘制步骤　　　　　　　　　　　图 2-26 脚部比例结构

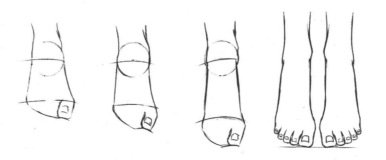

图 2-27 不同脚部表现

5. 完整绘制服装人体

（1）观察秀场真人特点。

通过仔细观察可以看到模特右侧胯部高于左侧，左侧肩膀略高于右侧，头略倾斜。两侧胳膊肘部和腕部弯曲插口袋，左侧胳膊比右侧略长。重心腿为右腿，右膝盖位置比左膝盖高。因右腿在前左腿在后，产生遮挡关系，左脚腕略遮挡，左脚露出约 3 个脚趾。

（2）绘制动态服装人体草图。

根据人体基本比例和动态绘制动态服装人体草图，注意膝盖的定位和胳膊的透视关系。

（3）绘制动态服装人体细节比例。

完成四肢内侧线条、五官的定位和绘制。

（4）细化人体细节。

完善人体线条，完成五官、发型和手部的绘制。完整服装人体绘制步骤如图 2-28 所示。

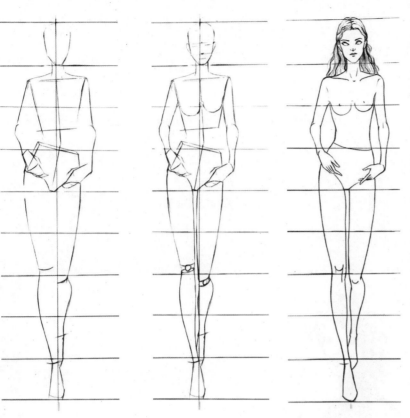

图 2-28 完整服装人体绘制步骤

三、学习任务小结

通过本次课程的学习，同学们已经初步掌握了服装人体头部、发型、手脚等细节的绘制要求和方法。服装人体是服装效果图和款式图的绘制基础，动作自然、比例得当的人体才能更好地表现服装款式和设计意图。课后，同学们可归纳、总结所学内容，完成相关的作业练习。

四、课后作业

（1）搜集 10 幅不同秀场的真人图片分析服装人体绘制时的异同点，并制作成 PPT 进行展示。

（2）绘制 3 张不同动作的服装人体，要与参考图片动作相似，要求比例得当，细节完整，线条流畅。

项目三
服装配饰表现

教学目标

（1）专业能力：了解服装配饰的分类，分析其特点并进行绘制。

（2）社会能力：了解品牌服装的配饰设计，培养团队协作能力。

（3）方法能力：信息和资料搜集能力、设计思维能力、手绘表现能力。

学习目标

（1）知识目标：了解服装配饰的分类和特点。

（2）技能目标：能根据服装配饰的特点绘制服装配饰。

（3）素质目标：提高信息和资料的搜集、分析、总结能力。

教学建议

1. 教师活动

（1）展示丰富的服装配饰图片，引导学生对其进行归纳和分类。

（2）引导学生思考常见的服装配饰对应何种服装风格。

（3）演示服装配饰的绘制方法。

2. 学生活动

（1）观察教师提供的服装配饰图片，对服装配饰的种类进行归纳。

（2）观看教师的演示，练习服装配饰的绘制。

一、学习问题导入

"服"和"饰"是不可分割的一个整体。配饰是服装不可或缺的一部分，大部分服装品牌都会推出全套的配饰以满足消费者的需求。服装配饰按装饰部位分为发饰、颈饰、耳饰、腰饰、腕饰、腿饰、足饰、头饰、衣饰等，其材料包括纺织品、绳线纤维、毛皮、竹木、贝壳、珍珠、宝石、金属、花草、塑料等。配饰的种类、质地、造型、色彩千差万别，下面我们重点介绍帽子类、背包类和鞋靴类服装配饰。

二、学习任务讲解

1. 帽子类配饰

（1）帽子的分类。

帽子是主要的服饰之一，在中国古代被称为"冠"，是"首服"的总称。在西方，帽子的地位尤为重要，不同的帽饰甚至可以体现不同的身份地位。恰当地使用帽子可以起到点缀服装的作用，使个人形象更加美观。

帽子的品种繁多，按用途可分为风雪帽、雨帽、太阳帽、棒球帽、安全帽、防尘帽、睡帽、工作帽、旅游帽、礼帽等；按使用对象和式样可分为男帽、女帽、童帽、少数民族帽、情侣帽、牛仔帽、水手帽、军帽、警帽等；按制作材料可分为皮帽、毡帽、毛呢帽、绒帽、草帽、斗笠等；按款式可分为贝雷帽、鸭舌帽、钟形帽、三角尖帽、前进帽、青年帽、披巾帽、龙江帽、京式帽、山西帽、棉耳帽、八角帽、瓜皮帽、虎头帽等。

（2）针织帽的绘制表现。

① 用铅笔绘制针织帽的轮廓，注意帽子和头部较宽松的空间距离。

② 渲染底色，趁底色未干，绘制重色和预留高光部分。

③ 待画纸干透，绘制针织的肌理效果。针织帽的绘制如图 3-1 所示。

图 3-1 针织帽的绘制

（3）帽子的欣赏。

欣赏如图 3-2 所示的帽子，讨论它们分别适用于什么类型的服装。

（a）宽檐草帽　　　　（b）棒球帽　　　　（c）礼帽　　　　（d）头巾

图 3-2 帽子

服装效果图与款式图表现实训

036

2. 背包类配饰

（1）背包的分类。

在中国历史上，包最早叫做"囊"，又叫"荷囊"。荷者，负荷也。囊者，袋也。也就是说，荷囊是古人用来装零星细物的小袋。包的绘制要注重表达面料质感和轮廓造型。常见的包所用的材质有漆皮、布艺、牛皮、鳄鱼皮等。包的拉链、扣子等则采用金属、树脂、珠宝等材料装饰。另外，根据风格和使用的场合，包可分为休闲包、礼服包、手包、通勤包、旅行包等。

（2）菱形车线皮包的绘制表现。

① 用铅笔绘制轮廓。

② 渲染底色，趁底色未干，绘菱形的漆皮肌理效果。

③ 待画纸干透，绘制重色和预留高光部分。

菱形车线皮包的绘制如图 3-3 所示。

图 3-3　菱形车线皮包的绘制

（3）背包的欣赏。

欣赏如图 3-4 所示的包，讨论它们分别适用于什么类型的服装。

（a）手提皮包

（b）手提竹编包

（c）流苏皮包

（d）菱形格包

（e）斜背包

（f）帆布双肩包

图 3-4　背包

3. 鞋靴类配饰

（1）鞋靴的分类。

鞋子主要由皮革、纺织品、橡胶、塑料等各种材料制成，是既实用又具有装饰功能的服装配件。根据风格和使用的场合，鞋靴可分为礼鞋、正装鞋、休闲鞋、时装鞋、拖鞋等。鞋子的绘制应先找准鞋楦的造型与透视关系，再绘制鞋子的面料肌理和装饰。

（2）鞋靴的欣赏。

欣赏如图 3-5 所示的鞋靴，讨论它们分别适用于什么类型的服装。

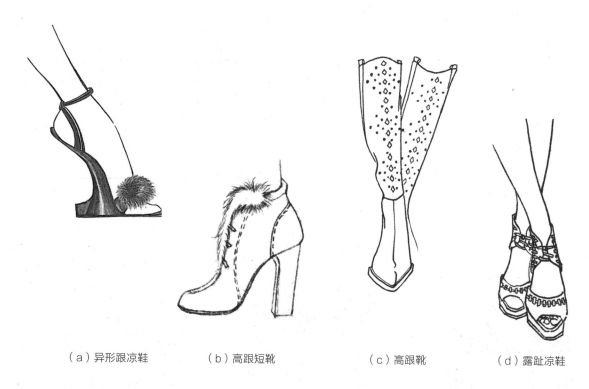

（a）异形跟凉鞋　　　　（b）高跟短靴　　　　（c）高跟靴　　　　（d）露趾凉鞋

图 3-5　鞋靴

三、学习任务小结

通过这一部分课程的学习，同学们已经了解了帽子类配饰、背包类配饰、鞋靴类配饰的分类、特点以及绘制方法。服装配饰表现是服装效果图的细节表现部分，其肌理、形态、色彩等的表现直接影响服装效果图的整体效果。课后，同学们可归纳、总结所学内容，并完成相关的作业。

四、课后作业

参考教材中的图例，搜集不同类别的服装配饰表现图片或实物照片，分析其风格、应用范围及款式特点，并绘制 10 张服装配饰效果图。

项目四
合体型服装效果图与款式图表现

学习任务 一 合体型连衣裙效果图与款式图表现

教学目标

（1）专业能力：引导学生从三大要素的角度观察、描述合体型连衣裙的特点；抓住人体动态，表达服装与人体的正确空间关系；根据合体型连衣裙的色彩和肌理进行着色。

（2）社会能力：搜集、归纳和整理同类型合体型连衣裙案例，并进行相关特点分析。

（3）方法能力：细致的观察能力、精要的描述能力、熟练的绘制能力。

学习目标

（1）知识目标：描述合体型连衣裙的款式、色彩和材料特点。

（2）技能目标：能根据照片绘制完整的动态人体；能绘制合体型连衣裙穿着效果图线描稿，表现服装与人体的空间感；能选择恰当的上色工具绘制合体型连衣裙着色效果图；能绘制合体型连衣裙正面、背面款式图。

（3）素质目标：根据学习要求与安排，搜集、分析与整理信息，并进行沟通与表达。

教学建议

1. 教师活动

（1）教师展示合体型连衣裙，引导学生说出其特点。学生描述后教师进行补充说明，讲解如何从款式、材料、色彩三大要素的角度分析合体型连衣裙的特点。

（2）通过展示、分析与绘制合体型连衣裙效果图，指导学生捕捉人体动态，绘制合体型连衣裙效果图线稿，选用恰当的工具进行上色，培养学生的效果图表现能力。

（3）通过展示、分析与绘制合体型连衣裙款式图，让学生在接触设计课、结构课之前就能正确表达连衣裙前后款式的关联性和一致性。

2. 学生活动

（1）观察合体型连衣裙，尝试思考并说出其特点，根据教师的补充做好笔记，练习从三大要素的角度观察和描述合体型连衣裙的特点。

（2）观看教师的示范，分析与绘制合体型连衣裙效果图，训练捕捉人体动态、绘制合体型连衣裙线稿和色稿的能力。

一、学习问题导入

所有的服装都包含款式、色彩、材料这三大要素。其中款式包含长度、宽松程度、轮廓形状（简称"廓形"）、线条分割、零部件（口袋、领子、袖子等）等方面；色彩除了颜色本身还包含了"图案"这一要素；材料性质则是指服装面料的厚度、柔软度、垂度、肌理、透明程度、成分（棉、麻、丝、毛、化纤）等。

二、学习任务讲解

1. 观察并分析服装范例

如图 4-1 所示的连衣裙是一件圆领无袖的深灰色竖条纹连衣裙，裙子至小腿中部，为中长款，面料挺括，整体穿着效果合体。连衣裙的肩部有垫肩的耸肩设计，左侧有弧线形的分割线，结合抽褶的设计，打破了连衣裙固有的刻板印象。

2. 观察并绘制人体

人体按照走姿的动态规律进行绘制（图 4-2），绘制时注意以下几点。

（1）人体全长与头部的比例关系。

（2）肩部与胯部的运动方向相反。

（3）前摆臂与前踏脚相反。

（4）前踏脚为重心落点。

图 4-1 合体型连衣裙范例

3. 起形

用铅笔按照款式特点准确表现连衣裙的长度、宽松程度、领口、肩宽以及主要分割线和褶皱，同时将发型、五官、鞋子都绘制出来（图 4-3）。注意用笔要轻，避免划伤纸张，影响后续上色。绘制的过程中不要擦掉人体基本轮廓线，以便于观察连衣裙与人体的空间关系是否正确。

4. 勾线

根据服装、人体、配件的不同需要，选择恰当粗细的针管笔进行勾线。人体颜色较浅，建议选择 0.05 mm 的针管笔或灰色勾线笔进行勾线；连衣裙的颜色偏深，质感不光滑，建议选择 0.5 mm 的针管笔勾线；鞋子的用笔可以与连衣裙一致，或稍粗，以体现鞋子的厚重感，如图 4-4 所示。

图 4-2 绘制人体　　图 4-3 起形

5. 绘制褶皱的阴影

用深灰色马克笔按照连衣裙褶皱的走向绘制褶皱的阴影，注意褶皱的阴影方向受阳光的影响一般在线条下方，如图 4-5 所示。

6. 中灰色铺色

根据连衣裙面料受光之后的色彩分布，用中灰色马克笔进行平涂铺色，注意留白面积要大一些，如图 4-6 所示。

7. 浅灰色铺色

选用浅灰色马克笔填充上述的留白面积，注意仍应有部分留白，因为受到光线照射时，面料颜色会变浅并产生高光，如图 4-7 所示。

8. 皮肤及袜子上色

用浅黄色马克笔或彩铅绘制皮肤的颜色，袜子的颜色仍然选用灰色马克笔进行上色，袜子的灰色与连衣裙要有所区别。连衣裙采用中灰色时，袜子则采用冷灰偏蓝的颜色，如图 4-8 所示。

图 4-4 勾线　　图 4-5 绘制褶皱的阴影

图 4-6 中灰色铺色　　　　图 4-7 浅灰色铺色　　　　图 4-8 皮肤及袜子上色

9. 深入刻画皮肤和鞋子

用棕色系彩铅薄涂以加深皮肤色彩。注意：脸部和头发的投影、眼眶、鼻梁两侧、颈部、锁骨、手臂内侧皮肤颜色稍重。用黑色马克笔给鞋子上色，注意中线和四周褶皱的留白，如图4-9所示。

10. 深入刻画头部

用棕色系彩铅深入刻画鼻梁、鼻底、眉骨、脸部四周的体积感，如图4-10所示。用0.03 mm勾线笔或暖灰色勾线笔给眼睛、唇中缝勾线，重点加强眼尾、睫毛根部的线条，选用较浅的颜色给眼珠上色，区别瞳孔和高光点的深浅，如图4-11所示。用深棕色或黑色彩铅加深头发的阴影部分，随着头发的丝缕弧度上色，分出受光面、背光面和前后空间关系，如图4-12所示。

11. 刻画鞋子

用浅紫色彩铅深入刻画鞋头和鞋底的颜色，注意颜色渐变的控制，中间浅，两侧深，表现出体积感，如图4-13所示。

12. 绘制条纹

用白色彩铅按照褶皱分组绘制条纹，每组褶皱之间的条纹可以稍错位，体现真实感。绘制的时候尽量徒手控制，不要用尺子，这样绘制的线条才能富于变化，更加生动、自然、流畅，如图4-14所示。

13. 整理效果图

检查上色、勾线的各个细节，并补充整理，完成合体型连衣裙效果图的绘制，如图4-15所示。

图4-9 深入刻画皮肤和鞋子

图4-10 深入刻画
　　　头部1

图4-11 深入刻画
　　　头部2

图4-12 深入刻画
　　　头部3

图4-13 刻画鞋子

图 4-14　绘制条纹　　　　图 4-15　合体型连衣裙效果图

14. 绘制款式图

（1）本款连衣裙为小圆领、耸肩、无袖设计，绘制时采用侧视的角度用以体现垫肩的厚度。

（2）在绘制款式图时应仔细观察，以腰线为界，注意上下部分的长度比例。

（3）款式图的贴身程度可以参考效果图。本款连衣裙为合体偏紧身的效果，所以轮廓上应强调收腰。

（4）前片褶皱的分割线形状及方向与效果图一致。

（5）在绘制后片时，要牢记该款连衣裙为不对称款式，后片要与前片的方向相反。

（6）为了穿脱方便，后片设计为后中心线破缝，车缝隐形拉链。

（7）后片与前片的廓形一致，为合体收腰型，所以设计腰省，绘制省道线条。

合体型连衣裙款式图如图 4-16 所示。

三、学习任务小结

通过学习，同学们已经基本完成了第一张服装效果图与款式图的绘制，可以总结绘制的经验与老师和同学分享。头部五官和发型的上色表现是难度较大的地方，需要大家在课后加强练习。对于服装效果图与款式图的绘制，只有不断练习，才能达到手、眼、脑的紧密配合。

四、课后作业

以图 4-17 作为参考，完成合体型连衣裙效果图和款式图的绘制。

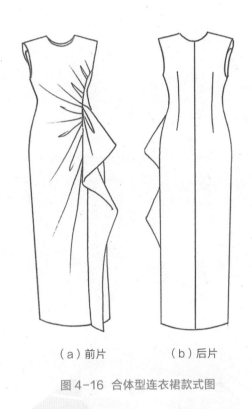

（a）前片　　　（b）后片

图 4-16 合体型连衣裙款式图

图 4-17 合体型连衣裙参考图

合体型职业套装效果图与款式图表现

教学目标

（1）专业能力：引导学生从款式特点、材料应用、色彩、工艺等角度观察并描述合体型职业套装的特点；抓住人体动态，表达合体型职业套装与人体的正确空间关系；根据合体型职业套装的色彩和纹样进行着色。

（2）社会能力：搜集、归纳和整理同类型合体型职业套装案例，并分析其特点。

（3）方法能力：细致的观察能力、精要的描述能力、熟练的绘制能力。

学习目标

（1）知识目标：描述合体型职业套装的款式、色彩和材料特点。

（2）技能目标：能根据照片绘制完整的动态人体；能绘制合体型职业套装穿着效果图线描稿，表现服装与人体的空间感；能选择恰当的上色工具绘制合体型职业套装着色效果图；能绘制合体型职业套装正面、背面款式图。

（3）素质目标：根据学习要求与安排搜集、分析和整理信息，并进行沟通与表达。

教学建议

1. 教师活动

（1）教师通过 PPT 展示、分析同类合体型职业套装效果图与款式图，引导学生归纳其款式、面料的特点和适合的场合。学生描述后教师进行补充说明，讲解如何从款式、面料、色彩、工艺、着装场合等角度分析合体型职业套装的特点。

（2）通过展示、分析与绘制合体型职业套装效果图，指导学生捕捉人体动态，绘制合体型职业套装效果图与款式图线稿，选用恰当工具进行上色，培养学生的效果图表现能力。

（3）通过展示、分析与绘制合体型职业套装款式图，让学生在接触设计课、结构课之前就能正确表达合体型职业套装前后款式的关联性和一致性。

2. 学生活动

（1）观察合体型职业套装，尝试思考并说出其特点，根据教师的补充做好笔记，练习从款式、面料、色彩、工艺、着装场合等角度观察和分析合体型职业套装的特点。

（2）观看教师的示范，分析与绘制合体型职业套装效果图，训练捕捉人体动态、绘制合体型职业套装线稿和色稿的能力。

一、学习问题导入

职业套装简称职业装，是套装的一种，主要在工作场合穿着，其服装面料的色彩与图案应与工作环境相协调。职业套装最好是中性色，图案以单色、不明显的同类色图案或稍明显的方格为宜。

二、学习任务讲解

1. 观察并分析服装范例

如图 4-18 所示，模特上身着彩色细格中长款西装，领型是典型的翻驳领设计，驳头和袋盖采用了撞色滚边工艺，廓形为合体微收腰，外形挺括。裙子为同色系格纹压褶 A 形半裙，面料轻薄飘逸。职业套装整体给人干练利落之感，搭配同色系丝巾和手包，色彩协调，展现出当代职场女性的美感。

2. 观察并绘制人体

人体按照走姿的动态规律进行绘制（图 4-19），绘制时注意以下几点。

（1）人体全长与头部的比例关系。

（2）肩部与胯部的运动方向相反。

（3）前摆臂与前踏脚相反。

（4）前踏脚为重心落点。

3. 起形

用铅笔按照款式特点准确表现职业套装的长度、宽松程度、领型、肩宽以及主要分割线和褶皱，同时将发型、五官、鞋子、配饰都绘制出来（图 4-20）。注意用笔要轻，避免划伤纸张，影响后续上色。

4. 勾线

根据服装、人体和配件的不同需要，选择恰当的针管笔进行勾线。人体、五官和头发可以选择 0.05 mm 咖色针管笔进行勾线；职业套装为白底彩格面料，可以选择灰色纤维笔勾线；丝巾和鞋子的用笔可以与服装一致，选色和图片一致，如图 4-21 所示。

图 4-18 合体型职业套装范例

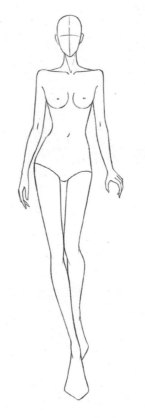

图 4-19 绘制人体　　　　图 4-20 起形

5. 绘制肤色和五官

先用浅肤色笔平涂，再用深一点的肤色笔将颧骨、眉弓、眼窝、鼻梁两侧、鼻底、颈部、锁骨和被衣服遮挡的皮肤处进行加深，绘制出皮肤的明暗关系以及立体感。用宝蓝色笔绘制眼珠，用黑色笔绘制眼睑、瞳孔和下睫毛，并在瞳孔处留出高光。用红色笔绘制出嘴唇，上唇颜色稍重，用咖色针管笔加重嘴角和唇中缝。用高光笔点出鼻头和嘴唇的高光，如图4-22所示。

6. 绘制头发

用棕色彩铅根据头发的走向绘制出发丝，刘海的亮部需要留白，以体现出头部的体积感。绘制出头发的层次，展现其柔顺光泽的感觉，如图4-23所示。

7. 绘制服装明暗关系

确定好光源后，用浅灰色的马克笔绘制出服装明暗关系。用同色绘制出格纹的框架轮廓，格纹要符合服装各部件的走向，衣身的格纹要平行，袖子的格纹要和袖中线平行，同时注意褶皱对其产生的影响，如图4-24所示。

8. 绘制丝巾、领子和撞色部分

用玫红色马克笔绘制丝巾、领子和撞色部分，绘制时注意颜色要过渡自然，并表现出缎面的光泽感，如图4-25所示。

9. 绘制西装

用纤维笔绘制出西装的格纹，上色时要体现出服装的整体明暗关系，肩头和胸口受光处的格子颜色要稍浅一些。翻领下方、袋盖下方、蝴蝶结遮挡处、下摆、身体两侧和手臂夹角处的格子有阴影产生，所以格子颜色要深一些，注意格子因皱褶产生的变形，如图4-26所示。

图 4-21 勾线

图 4-22 绘制肤色和五官

图 4-23 绘制头发

图 4-24 绘制服装明暗关系 图 4-25 绘制丝巾、领子和撞色部分 图 4-26 绘制西装

10. 绘制裙子

先将裙子的格纹进行竖向分组。根据人物动态，右腿向前迈，右腿上的一组格纹靠前，应清晰刻画。同时，右腿上的格纹也是裙子的几组格纹中颜色最明亮的一组。旁边的格纹在后，绘制的色彩要深一点，通过透视和明暗关系的变化，有节奏地绘制出格纹，如图 4-27 所示。

11. 刻画裙子

将裙子剩下的格纹绘制完整，注意格纹的透视关系和穿插关系，以及因褶皱产生的明暗变化，如图 4-28 所示。

图 4-27 绘制裙子 图 4-28 刻画裙子

12. 绘制鞋子

先用浅色马克笔绘制出鞋子羽毛的体积感，再用中间色马克笔绘制出鞋子的明暗关系和转折关系，最后用深色马克笔深入刻画羽毛的细节，如图4-29所示。

13. 绘制手包

绘制手包手柄时，要注意条纹的穿插关系。绘制包身时，先用浅灰色马克笔准确绘制出明暗关系，然后用黄色马克笔绘制出手包的纹路，最后用咖啡色彩铅刻画手包的材质，如图4-30所示。

14. 整理效果图

用0.5 mm高光笔提亮，调整细节，完善不足之处，如图4-31所示。

图4-29 绘制鞋子

图4-30 绘制手包

图4-31 合体型职业套装效果图

15. 绘制款式图

（1）外套为典型的翻驳领西装，长度为中长款，微收腰，前片有腰省。

（2）西装驳头、袋盖采用撞色滚边工艺，在绘制滚边时要宽度均匀，线条流畅。

（3）西装后片与前片廓形一致，为合体收腰型，后背为刀背缝，后中开衩。

（4）半裙为压褶 A 形中长半裙，侧缝车隐形拉链。

（5）半裙后片绘制廓形与前片一致，拉链方向要与前片相反。

合体型职业套装款式图如图 4-32 所示。

图 4-32 合体型职业套装款式图

三、学习任务小结

通过本次任务的学习，同学们已经绘制完成了一幅职业套装的效果图与款式图，可以总结绘制的经验与教师和同学分享。格纹的透视关系和穿插关系以及因褶皱产生的明暗变化是绘制的难点，需要大家在课后多观察分析同类型的作品，在练习中归纳绘制规律。

四、课后作业

以图 4-33 作为参考，完成合体型职业套装效果图和款式图的绘制。

图 4-33 合体型职业套装参考图

学习任务 三 合体型休闲装效果图与款式图表现

教学目标

（1）专业能力：引导学生从款式特点、材料应用、色彩、工艺等角度观察并描述合体型休闲装的特点；抓住人体动态，表达合体型休闲装与人体的正确空间关系；根据合体型休闲装的色彩和肌理进行着色。

（2）社会能力：搜集、归纳和整理同类型合体型休闲装案例，并进行相关特点分析。

（3）方法能力：细致的观察能力、精要的描述能力、熟练的绘制能力。

学习目标

（1）知识目标：描述合体型休闲装的款式、色彩和材料特点。

（2）技能目标：能根据照片绘制完整的动态人体；能绘制合体型休闲装穿着效果图线描稿，表现合体型休闲装与人体的空间感；能选择恰当的上色工具绘制合体型休闲装着色效果图；能绘制合体型休闲装正面、背面款式图。

（3）素质目标：根据学习要求与安排搜集、分析和整理信息，并进行沟通与表达。

教学建议

1. 教师活动

（1）教师通过 PPT 展示、分析同类合体型休闲装，引导学生归纳其款式和面料的特点以及适合的场合。学生描述后教师进行补充说明，讲解如何从款式、材料、色彩、工艺、着装场合等角度分析合体型休闲装的特点。

（2）通过展示、分析与绘制合体型休闲装效果图，引导学生捕捉人体动态，绘制合体型休闲装线稿，选用恰当工具进行上色，培养学生的效果图表现能力。

（3）通过展示、分析与绘制合体型休闲装款式图，让学生在接触设计课、结构课之前就能正确表达合体型休闲装前后款式的关联性和一致性。

2. 学生活动

（1）观察合体型休闲装，尝试思考和说出其特点，根据教师的补充做好笔记，练习从款式特点、面料应用、色彩、工艺、着装场合等角度观察和分析合体型休闲装的特点。

（2）观看教师的示范，分析与绘制合体型休闲装效果图与款式图，训练捕捉人体动态、绘制合体型休闲装线稿和色稿的能力。

一、学习问题导入

仔细观察图 4-34 所示的休闲装款式，尝试描述该套休闲装的款式、色彩、材料等。

二、学习任务讲解

1. 观察并分析服装范例

如图 4-34 所示，模特上身着白色合体针织上衣，领口是不规则堆领设计，廓形独特，简约又不乏设计感。下身搭配一条阔腿裤型的牛仔裤，裤子采用正反面拼接设计，在腰部、拼接处、下摆处有不规则的流苏设计。裤子包容性强，休闲又时尚。休闲装整体展现出女性帅气、洒脱之感。

2. 观察并绘制人体

人体按照走姿的动态规律进行绘制（图 4-35），绘制时注意以下几点。

（1）人体全长与头部的比例关系。

（2）肩部与胯部的运动方向相反。

（3）前摆臂与前踏脚相反。

（4）前踏脚为重心落点。

3. 起形

在人体的基础上用铅笔按照款式的特点准确绘制出休闲装的长度、廓形、领型、肩宽，以及与人体的空间关系和服装的褶皱，同时将发型、五官、鞋子都绘制出来。注意用笔要轻，避免划伤纸张，影响后续上色，如图 4-36 所示。

图 4-34 合体型休闲装范例

图 4-35 绘制人体

图 4-36 起形

4. 勾线

擦淡铅笔草稿，根据人体动态和褶皱的走向用灰色彩铅勾勒出上衣的轮廓，用蓝色彩铅勾勒出牛仔裤的轮廓，用咖色彩铅勾勒出发型、五官和人体皮肤的轮廓，如图4-37所示。

5. 绘制肤色

用肤色彩铅绘制皮肤，面部重点绘制眉弓、上下眼睑、鼻侧面、鼻底和颧骨下方，脖子、腿部需要表现出圆柱体的体积感。注意：休闲装和身体的交界处有较深的阴影（图4-38）。

6. 绘制五官

用棕色彩铅加重眉弓和眼窝，用灰蓝色彩铅绘制眼球，用黑色彩铅加重眼线和瞳孔，同时留出瞳孔的高光。用大红色彩铅根据唇部的转折变化绘制出嘴唇，强调唇中缝的投影，如图4-39所示。

7. 绘制头发

头发用土黄色彩铅铺色，再用咖色彩铅叠加头发的暗部，区分出头发的层次感。由于头发光泽感强，亮部面积较大，头顶需要留白。发际线和耳后的头发颜色较重。可用咖色彩铅刻画出发丝，这样发型会更加生动自然，如图4-40所示。

图4-37 勾线　　　　　图4-38 绘制肤色

图4-39 绘制五官　　　　图4-40 绘制头发

8. 绘制上衣

白色上衣在绘制时只需要用灰色彩铅将明显的暗部进行绘制即可，其他地方可大面积留白。明暗如果刻画得太多，白色的衣服就会变成灰色的衣服，这样反而影响效果，如图4-41所示。

9. 绘制牛仔裤

用浅蓝色彩铅为牛仔裤整体着色。由于牛仔裤为阔腿裤型，外形挺括，在铺色时要用长线条排线，同时根据服装的体积和褶皱走向绘制其明暗关系。流苏处绘制出轮廓即可，如图4-42所示。

图 4-41 绘制上衣　　　　　　图 4-42 绘制牛仔裤　　　　　　图 4-43 绘制流苏

10. 绘制流苏

　　用蓝色彩铅将流苏一丝一缕地绘制出来，流苏的中间部分可以留白，轮廓处用深蓝色彩铅将暗部刻画出来，营造出流苏的体积感和层次感。注意绘制流苏时手部要放松，线条要流畅，无须与图片完全一致，如图 4-43 所示。

11. 绘制鞋子

　　用宝蓝色彩铅绘制鞋子的颜色，再用深蓝色彩铅绘制鞋子的褶皱和暗部。由于鞋子是绒面材质，在绘制时可以表现出笔触感，体现出鞋子的厚实感。在鞋头的转折处留出高光来表现鞋子的光泽感，如图 4-44 所示。

图 4-44 绘制鞋子

12. 整理效果图

用深蓝色彩铅叠加牛仔裤褶皱的暗部和投影，进一步强调服装的体积感。用黑色彩铅绘制出缝纫线，再适当提亮裤子的亮面，刻画流苏，使细节更加丰富，如图 4-45 所示。

13. 绘制款式图

（1）上衣为合体型针织白色上衣，领口为不规则堆领设计。

（2）上衣后片廓形与前片一致，领型不规则部分方向与前片相反。

（3）上衣下摆车缝纫线，注意绘制时前后缝纫线距离下摆宽度一致，线迹长短均匀。

（4）牛仔裤前片腰部收工字褶皱，两侧有斜插袋，下摆设计正反面料拼接，在拼缝处、腰头和下摆有流苏设计。

（5）牛仔裤后片廓形和前片一致，腰部收省，有两个贴袋设计。

（6）牛仔裤的车缝线根据款式特点，一般情况下压双明线，在腰部压单明线。这既是工艺需求，也是装饰手法。

合体型休闲装款式图如图 4-46 所示。

图 4-45 合体型休闲装效果图

图 4-46 合体型休闲装款式图

三、学习任务小结

通过本次任务的学习，同学们已经完成了一套休闲装的效果图与款式图的绘制，可以总结绘制的经验与教师和同学分享。白色面料、牛仔面料和流苏的绘制是本节课的重难点，需要大家在课后多观察分析同类型的作品，在练习中归纳绘制规律，只有这样，才能熟练掌握不同面料的绘制技法。

四、课后作业

以图 4-47 作为参考，完成合体型休闲装效果图和款式图的绘制。

图 4-47　合体型休闲装参考图

合体型蕾丝小礼服效果图与款式图表现

教学目标

（1）专业能力：运用水彩工具绘制轻薄面料的合体型蕾丝小礼服效果图。

（2）社会能力：搜集、归纳和整理合体型蕾丝小礼服案例，并进行相关特点分析。

（3）情感能力：提高学生对合体型蕾丝小礼服设计形式美的感受和表达能力。

学习目标

（1）知识目标：描述合体型蕾丝小礼服的款式、色彩和材料特点。

（2）技能目标：能绘制完整的动态人体；能绘制合体型蕾丝小礼服穿着效果图线描稿；能选择恰当的工具绘制蕾丝类轻薄面料的服装效果图；能绘制合体型蕾丝小礼服正面、背面款式图。

（3）素质目标：根据学习要求与安排搜集、分析和整理信息，并进行沟通与表达。

教学建议

1. 教师活动

（1）教师播放高级定制礼服发布会的视频并展示合体型蕾丝小礼服图片，引导学生说出合体型蕾丝小礼服的特点。学生描述后教师进行补充说明，说明如何从款式、材料、色彩三大要素的角度分析合体型蕾丝小礼服的特点。

（2）通过所提供的照片，指导学生捕捉人体动态，绘制合体型蕾丝小礼服线稿，选用恰当工具进行上色，培养学生的效果图表现能力。

（3）引导并示范如何观察合体型蕾丝小礼服各个部位的比例关系、形态特点，示范合体型蕾丝小礼服款式图绘制方法。

2. 学生活动

（1）观看教师播放的高级定制礼服发布会的视频及展示的合体型蕾丝小礼服图片，尝试思考和说出合体型蕾丝小礼服的特点，根据教师的补充记录笔记，练习从三大要素的角度观察和描述合体型蕾丝小礼服的特点。

（2）观看教师的示范，分析与绘制合体型蕾丝小礼服效果图，训练捕捉人体动态、绘制合体型蕾丝小礼服效果图与款式图线稿和色稿的能力。

（3）观看教师的示范，进行合体型蕾丝小礼服效果图与款式图的绘制练习。

一、学习问题导入

各位同学，礼服是指在庄重的场合或举行仪式时所穿的服装。礼服包含款式、色彩、材料三大要素特征，礼服的材料运用与一般成衣有所不同，其透明度、垂感、面料肌理都具有其独特性。因此，礼服的绘制需要较好的手绘表现能力。

二、学习任务讲解

1. 观察并分析服装范例

如图 4-48 所示是一件圆领长袖的电子绣花蕾丝小礼裙，前片裙长至大腿中上部，后片为拖尾设计。面料主要以蕾丝电子绣花为主，整体穿着效果合体。蕾丝面料本身质地轻薄，有一定的通透性，隐约可以看到皮肤的颜色。本款服装还搭配了一个大蝴蝶结，增加款式的趣味性。

2. 观察并绘制人体

人体按照走姿的动态规律进行绘制（图 4-49），绘制时注意以下几点。

（1）人体全长与头部的比例关系。

（2）肩部与胯部的运动方向相反。

（3）前摆臂与前踏脚相反。

（4）前踏脚为重心落点。

3. 起形

用铅笔按照蕾丝小礼服款式的特点准确表现蕾丝小礼服的长度、宽松程度、领口、肩宽和主要分割线与褶皱，同时将发型、五官、鞋子、配件都绘制出来。注意用笔要轻，避免划伤纸张，影响后续上色。绘制的过程中保留人体基本轮廓，便于观察蕾丝小礼服与人体的空间关系是否正确。蕾丝小礼服整体紧身，服装与人体贴合的部位比较多，在胯部以下裙摆和人体拉开距离，形成空间，如图 4-50 所示。

图 4-48　合体型蕾丝小礼服范例

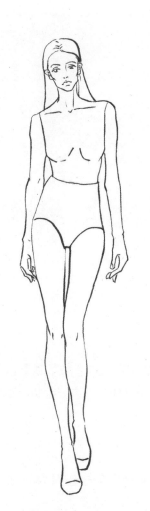

图 4-49　绘制人体

图 4-50　起形

4．勾线

因为本款蕾丝小礼服选用水彩进行上色，所以勾线的部分只需要用铅笔轻轻地整理线条，擦除多余线条即可，如图 4-51 所示。

5．绘制肤色

选择水彩中的橘色与红色调和，用水稀释，调和为肤色。上色时注意人体的立体感，以及要绘制的人体阴影和要预留的高光部分，如图 4-52 所示。

6．绘制裙子底色

观察蕾丝小礼服面料受光之后的色彩分布，然后选用灰色水彩进行平涂铺色。尤其要注意裙子后摆的褶皱与叠加层次，如图 4-53 所示。

图 4-51 勾线

图 4-52 绘制肤色

图 4-53 绘制裙子底色

7．绘制电子绣花

为更清晰地体现出电子绣花效果，选用了樱花图案。绘制绣花图时要有取舍，不能完全像图片那样绘制，避免绘制效果过于平面，可以挑选集中一些的花纹进行绘制。蕾丝小礼服范例中绣花主要集中在腰部，裙摆上有些许点缀，如图 4-54 所示。

8．绘制银色绣花

用银笔以点彩手法绘制银色绣花。银色绣花与电子绣花绘制方法相同，也是只绘制部分花纹，如图 4-55所示。

图 4-54 绘制电子绣花

图 4-55 绘制银色绣花

9. 深入刻画配件

选用墨绿色马克笔绘制手提包，用勾线毛笔绘制羽毛的肌理。脖子上的蝴蝶结材质为缎面，光泽感强，要注意褶皱部位的留白。

10. 深入刻画头部

用棕色系彩铅深入刻画五官及脸部四周的体积感。再用中灰色和深灰色彩铅绘制发色，用黑色彩铅加深头发的阴影部分，注意随着头发的弧度上色，分出受光面、背光面和前后空间关系。用 0.03 mm 勾线笔或暖灰色勾线笔给眼睛、唇中缝勾线，重点加强眼尾、睫毛根部的线条。选用浅蓝色彩铅绘制眼珠，需要区分瞳孔和高光点的深浅，如图 4-56 所示。

图 4-56 深入刻画头部

11. 勾线整理

用黑色毛笔或针管笔勾画出服装及人体的轮廓。为了增加立体感，在蕾丝小礼服后摆底部加重线条作为裙子阴影部分。检查上色、勾线的各个细节，并补充整理，完成合体型蕾丝小礼服效果图，如图 4-57 所示。

图 4-57 合体型蕾丝小礼服效果图

12. 绘制款式图

（1）本款蕾丝小礼服为小圆领、紧身包臀、长袖拖尾设计。绘制时应注意立体感，特别是拖尾的垂坠效果。

（2）绘制时要注意上下部分的长度比例关系。

（3）贴身程度可以参考蕾丝小礼服效果图，本款为合体偏紧身的效果，所以要在轮廓上强调收腰。

（4）前片为包臀收腰款，需考虑腰线的绘制。

（5）后片绘制时方向要与前片相反。

（6）后片为了收腰效果跟贴身的考虑，设计为后片中线分开，考虑穿脱细节为侧拉链。

合体型蕾丝小礼服款式图如图 4-58 所示。

三、学习任务小结

通过本次任务的学习，同学们已经基本掌握了用水彩工具绘制蕾丝小礼服效果图与款式图的方法和技巧，蕾丝面料的透明感和图案组织是绘制表现的难点，大家可以总结一下绘画的经验与教师和同学分享，并在课后不断练习。

四、课后作业

以图 4-59 作为参考，完成合体型蕾丝小礼服效果图和款式图的绘制练习，其中背面款式图需要在教师的指导下自行设计，注意后片与前片的一致性和关联性。

图 4-58 合体型蕾丝小礼服款式图

图 4-59 合体型蕾丝小礼服

学习任务 五

合体型婚纱效果图与款式图表现

教学目标

（1）专业能力：引导学生仔细观察合体型婚纱的花纹装饰以及面料特点；抓住人体动态，表达合体型婚纱与人体的正确空间关系；根据合体型婚纱的花纹和肌理进行着色。

（2）社会能力：引导学生关注流行动态、归纳和整理同类型合体型婚纱案例，并进行相关分析。

（3）方法能力：细致的观察能力、精要的描述能力、熟练的绘制能力。

学习目标

（1）知识目标：能够准确描述合体型婚纱的款式、色彩、材料特点。

（2）技能目标：能绘制完整的动态人体；能绘制合体型婚纱穿着效果图线描稿，合理表现合体型婚纱与人体的空间感；能根据合体型婚纱表现效果选择恰当的上色工具绘制效果图；能绘制合体型婚纱的正面、背面款式图。

（3）素质目标：根据学习要求与安排搜集、分析和整理信息，并进行沟通与表达。

教学建议

1. 教师活动

（1）教师展示婚纱走秀影音视频，引导学生思考以及观察婚纱的特点。学生积极发言后教师进行小结，并补充说明如何从款式、材料、色彩三大要素的角度分析合体型婚纱的特点。

（2）教师示范合体型婚纱表现的全过程，指导学生捕捉人体动态，绘制服装线稿，根据个人理解选用恰当工具进行上色，训练学生的合体型婚纱效果图绘制表现能力。

（3）教师示范绘制合体型婚纱款式图，指导学生学习合体型婚纱款式图的绘制顺序、技巧，帮助学生正确理解以及表达合体型婚纱前后款式的关联性和一致性。

2. 学生活动

（1）观看教师所播放的影音视频，积极思考并说出合体型婚纱的特点，根据教师的小结记录笔记，从三大要素角度观察和描述合体型婚纱的特点。

（2）观察教师的示范，绘制人体、线稿、并着色，完成合体型婚纱效果图绘制训练。

（3）观察教师的示范，完成合体型婚纱款式图绘制训练。

一、学习问题导入

婚纱是结婚仪式及婚宴时新娘穿着的西式服饰。婚纱可单指身上穿的服饰配件，也可以包括头纱和捧花。婚纱象征着纯洁和美好。婚纱的款式特征有长度、轮廓形状、线条分割、花纹装饰等，材料则包含面料的厚薄、花纹、柔软度、垂性、肌理、透明程度、成分等。

二、学习任务讲解

1. 观察并分析服装范例

本款婚纱是一款廓形为 X 型的拖尾礼服。前裙长盖至地面，后裙长拖尾，白色蕾丝面料的花纹风格体现出宫廷奢华感。婚纱的袖子是灯笼袖造型，在袖口位置有抽褶收口设计，领口 V 字造型加以蕾丝面料的细节装饰，巧妙的遮住胸部，与婚纱面料的蕾丝花纹融为一体，如图 4-60 所示。

图 4-60 合体型婚纱范例

2. 设计及绘制婚纱人体

婚纱人体可以按照人体的动作设计一款正面站姿（图 4-61）。表现要点有以下几点。

（1）人体全长与头部的比例关系。

（2）婚纱穿着覆盖人体较多，腿部可以选择省略画法。

（3）站姿要求稳定，重心落于两脚之间。

（4）为了更好地体现婚纱的特点，手臂可以设计为双臂自然下垂。

3. 起形

先用铅笔按照婚纱款式特点依次画出婚纱的轮廓、长度、领口、肩宽、袖子造型，确定主要分割线和褶皱走向，同时绘制适合婚纱的五官和发型，如图 4-62 所示。

4. 深入刻画面部

用棕色系彩铅深入刻画鼻梁、鼻底、眉骨、脸部四周的体积感。用 0.03 mm 勾线笔或暖棕色勾

图 4-61 绘制婚纱人体　　　　图 4-62 起形

线笔给眼睛、唇中缝勾线，重点加强眼尾、睫毛根部的线条，再选用浅蓝色、橘红色的彩铅分别绘制眼珠、嘴唇，如图 4-63 所示。

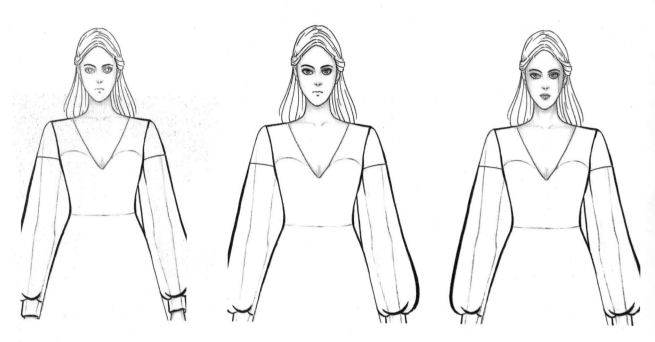

图 4-63　深入刻画面部

5. 深入刻画皮肤和头发

用肤色彩铅绘制皮肤，用深棕色或黑色彩铅加深头发的阴影部分，注意随着发丝的弧度上色，绘制出受光面、背光面和前后空间关系，如图 4-64 所示。

图 4-64　深入刻画皮肤和头发

6. 勾线和绘制褶皱

根据人体和婚纱的不同需要，选择恰当粗细的针管笔进行勾线。越接近地面，线条越粗，体现服装的体积，如图 4-65 所示。

7. 铺色

婚纱可以选用裸肤色或浅灰色马克笔按照褶皱的分布进行铺色，便于后续体现白色婚纱的蕾丝花型，如图 4-66 所示。

图 4-65 勾线和绘制褶皱　　　　　　图 4-66 铺色

8. 花纹绘制

用白色彩铅或高光笔绘制婚纱蕾丝面料的花纹。由于婚纱的底色有深浅变化，会自然反衬出蕾丝花纹的光影变化效果，体现蕾丝若隐若现的穿着效果，显得生动、自然，如图 4-67 所示。

9. 整理效果图

检查上色、勾线的各个细节，并补充整理完成婚纱礼服的绘制效果图。婚纱礼服的蕾丝花纹种类繁多，在初学阶段建议选择花型较大、花型纹路清晰的范例。范例中的婚纱布满蕾丝花纹，在绘制的时候可以使用省略画法，如图 4-68 所示。

10. 绘制款式图

（1）绘制款式图时要以腰线为界，仔细观察上、下衣身的长度比例。

（2）准确绘制婚纱的 V 领造型比例。

（3）本款婚纱为合体的效果，注意腰部的宽度比例。

（4）准确绘制长袖的长度比例位置，以及灯笼造型特点。

（5）婚纱前后裙长设计有长度差，注意绘制表现，后片可以设计为拖尾半圆款式。

（6）为了穿脱方便，婚纱设计为后背缝隐形拉链。

合体型婚纱款式图如图 4-69 所示。

图 4-67 花纹绘制   图 4-68 合体型婚纱效果图

三、学习任务小结

通过本次任务的学习，同学们已经初步掌握了绘制婚纱效果图与款式图的方法，下次练习的时候可以尝试用浅灰色做白色蕾丝的底色，与范例对比一下绘制效果有何差别。婚纱效果图绘制注重细节处理，珍珠等装饰物精致细腻，需要耐心刻画。随着同学们绘画水平的提高，可以选择面料更透明、蕾丝花型更复杂的范例进行表现。

四、课后作业

以图 4-70 作为参考，完成合体型婚纱效果图和款式图的绘制。后片款式图需要自己尝试设计，注意保持前后的设计风格、廓形一致。

图 4-69 合体型婚纱款式图   图 4-70 合体型婚纱参考图

项目五
宽松型服装效果图与款式图表现

学习任务 一 夏季宽松型休闲装效果图与款式图表现

教学目标

（1）专业能力：引导学生从款式、材料、色彩三大要素的角度观察并描述夏季宽松型休闲装的特点；抓住人体动态，表达夏季宽松型休闲装与人体的正确空间关系；根据夏季宽松型休闲装的色彩和肌理进行着色。

（2）社会能力：能搜集、归纳和整理同类型夏季宽松型休闲装案例，并进行相关特点分析。

（3）方法能力：细致的观察能力、精要的描述能力、熟练的绘制能力。

学习目标

（1）知识目标：描述夏季宽松型休闲装的款式、色彩和材料特点。

（2）技能目标：能根据照片绘制完整的动态人体；能绘制夏季宽松型休闲装效果图线描稿，表现夏季宽松型休闲装与人体的空间感；能选择恰当的上色工具绘制夏季宽松型休闲装的着色效果图；能绘制夏季宽松型休闲装的正面、背面款式图。

（3）素质目标：根据学习要求与安排搜集、分析和整理信息，并进行沟通与表达。

教学建议

1. 教师活动

（1）教师展示夏季宽松型休闲装图片，引导学生说出夏季宽松型休闲装的特点。学生描述后教师进行补充说明，讲明如何从款式、材料、色彩三大要素的角度分析夏季宽松型休闲装的特点。

（2）通过展示、分析与绘制夏季宽松型休闲装效果图，指导学生捕捉人体动态，绘制夏季宽松型休闲装线稿，选用恰当工具进行上色，培养学生夏季宽松型休闲装效果图表现能力。

（3）通过展示、分析与绘制夏季宽松型休闲装款式图，让学生在接触设计课、结构课之前就能正确表达常见夏季宽松型休闲装单品前后款式的关联性和一致性。

2. 学生活动

（1）观察教师展示的夏季宽松型休闲装图片，尝试思考和说出夏季宽松型休闲装的特点，根据教师的补充记录三大要素的笔记，练习从三大要素角度观察和描述夏季宽松型休闲装的特点。

（2）观看教师的示范，分析绘制夏季宽松型休闲装效果图，训练捕捉人体动态，绘制服装线稿和色稿的能力。

一、学习问题导入

观察夏季宽松型休闲装图片，尝试描述上装与下装的 5 ~ 6 个特征，注意所有的夏季宽松型休闲装都包含款式、色彩、材料这三大要素特征。

二、学习任务讲解

1. 观察并分析服装范例

如图 5-1 所示的夏季宽松型休闲装主要有上装和下装。上装是一件宽松的白色中长款长袖衬衣，前片设计了胸挡的层次，搭配合体的衬衫领和圆弧形的衬衫下摆，使衬衫的穿着风格多变百搭；下装是一条米白色和豆灰色宽条纹阔脚九分裤，条纹中点缀了凸起的圆点，棉麻质地体现出略带民族感的休闲风格。

2. 观察并绘制人体

人体按照走姿的动态规律进行绘制（图 5-2），绘制时注意以下几点。

（1）人体全长与头部的比例关系。

（2）肩部与胯部的运动方向相反。

（3）前摆臂与前踏脚相反。

（4）前踏脚为重心落点。

3. 起形

用铅笔按照夏季宽松型休闲装款式的特点确定出衬衫的衣长、袖长以及裤子的长度比例，确定绘制衬衫、裤子的宽松程度与人体的空间关系。画出衬衫领口、肩宽、胸挡位置、裤子主要条纹分布位置以及主要分割线与褶皱，同时将发型、五官、鞋子、拎包等都绘制出来。注意用笔要轻，便于修改。绘制的过程中不要把人体基本轮廓的铅笔线擦掉，以便观察服装与人体的空间关系是否正确，如图 5-3 所示。

图 5-1 夏季宽松型休闲装范例

图 5-2 绘制人体　　　　　图 5-3 起形

4. 勾线

根据服装、人体、配件的不同需要，选择恰当粗细的针管笔进行勾线。人体、白色衬衫、长裤、拎包都属于浅色的部分，可以选择 0.05 mm 针管笔或灰色勾线笔进行勾线；头发、皮带、鞋子等偏深的颜色，可以选择 0.5 mm 针管笔勾线，如图 5-4 所示。

5. 绘制褶皱阴影

选择浅中灰色或浅冷灰色马克笔，按照褶皱的走向绘制白衬衫褶皱的阴影部分，如图 5-5 所示。

6. 加深白衬衣褶皱的阴影

选用深一点的同色系灰色马克笔，加深白衬衣暗部的阴影。这一步也可以选用灰黑色水溶性彩铅进行精细绘制。水溶性彩铅笔触细腻，适合描绘细节，马克笔笔锋宽大，适合大面积铺色，这两种上色工具结合使用可以达到很好的互补效果，如图 5-6 所示。

图 5-4 勾线　　　　　　图 5-5 绘制褶皱阴影　　　　图 5-6 加深白衬衣褶皱的阴影

7. 裤子阴影铺色

裤子的色彩组合是米白色和豆灰色，与衬衫区分可以选用浅暖灰色马克笔绘制阴影，其作用有两点：一是体现裤子褶皱的光影；二是体现深色条纹的底色，如图 5-7 所示。

8. 皮肤、裤子及拎包部分上色

用肤色马克笔或彩铅绘制皮肤的颜色。选用马克笔绘制拎包和裤子的颜色时应有所区分，拎包的颜色倾向米黄色，裤子的颜色则是豆灰色，此区分使浅灰调的画面色彩富于变化，如图 5-8 所示。

9. 头发和配件上色

选用不同色系的棕色马克笔及彩铅分别绘制头发、皮带和鞋子。头发部分涂色面积较大，质感光滑，可以用棕色马克笔；皮带面积小，要求绘制精确，可以采用深棕色彩铅进行绘制；鞋子的棕色相较皮带而言选用较浅的黄棕色，可体现色彩的丰富性。注意皮带、鞋子边缘位置的留白，如图5-9所示。

图5-7 裤子阴影铺色 　　　　图5-8 皮肤、裤子及拎包部分上色 　　　　图5-9 头发和配件上色

10. 深入刻画头发以及皮带、鞋子

用棕色系彩铅深入刻画头发、皮带和鞋子的光泽，如图5-10～图5-12所示。

图5-10 深入刻画头发 　　　　图5-11 深入刻画皮带 　　　　图5-12 深入刻画鞋子

11. 深入绘制装饰品

仔细观察图片中的配饰，其中包括发带、耳饰、项链、拎包的金属扣等，建议使用 BR 勾线笔或秀丽笔绘制发带；用金笔点绘长项链和拎包的五金配件；项链中的珍珠可以用浅灰色勾线笔绘制，中间留白以体现珍珠的光泽。裤子条纹中间隔的点状肌理也可以在这一步同时绘制，秀丽笔和浅灰色勾线笔可以绘制排列不同的圆点，以及间隔裤了的深浅条纹，如图 5 13 所示。

12. 深入绘制五官

用棕色系彩铅加深头发下方、眉骨、颧骨、鼻梁、鼻底等部位的皮肤阴影，增强五官的立体感，如图 5-14 所示。

13. 整理效果图

检查上色、勾线的各个细节，并补充整理，完成夏季宽松型休闲装的效果图绘制，如图 5-15 所示。

图 5-13 深入绘制装饰品　　　　图 5-14 深入绘制五官　　　　图 5-15 夏季宽松型
休闲装效果图

14. 绘制款式图

（1）衬衫款式为过臀的中长款，绘制的时候要注意衣长比例，同时注意袖长与衣长形成的长短位置差异。

（2）衬衫领绘制时应注意领座细节且领角形状对称。

（3）衬衫下摆弧线造型设计注意左右对称，曲线流畅。

（4）衬衫胸挡的设计为层叠设计，绘制时注意肩线的空间关系。

（5）衬衫门襟的搭叠方向注意女装右片为上。

（6）衬衫后片廓形、长度、层次等与前片一致，后袖设计袖衩，满足穿脱要求。

（7）裤子的款式为九分阔脚裤，绘制时要注意裤长及裤宽的比例。

（8）按照裤子的风格设定，前片可以加入斜插袋的设计。

（9）裤子的后片与前片的廓形及长度比例一致，加入后腰省的设计，满足臀腰围度差产生的结构设计要求。

夏季宽松型休闲装款式图如图 5-16 和图 5-17 所示。

图 5-16 夏季宽松型休闲装款式图 1

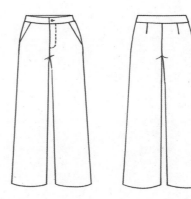
图 5-17 夏季宽松型休闲装款式图 2

三、学习任务小结

通过本次任务的学习，同学们已经初步掌握了夏季宽松型休闲装效果图与款式图的绘制方法。大家在课后仍然需要加强练习，多看图片，多思考服装与人体的空间感，多进行绘制练习，熟练掌握绘制技能。

四、课后作业

以图 5-18 作为参考，完成夏季宽松型休闲装效果图和款式图的绘制。正面款式图按图片中的上衣、裙子进行绘制，后片款式图则需要自己尝试设计，注意保持前后的设计风格、廓形一致。

图 5-18 夏季宽松型休闲装参考图

学习任务 二

春秋季宽松型休闲装效果图与款式图表现

教学目标

（1）专业能力：引导学生从三大要素的角度观察并描述春秋季宽松型休闲装的特点；抓住人体动态，表达春秋季宽松型休闲装与人体的正确空间关系；根据春秋季宽松型休闲装的色彩和肌理进行着色。

（2）社会能力：能搜集、归纳和整理同类型春秋季宽松型休闲装案例，并进行相关特点分析。

（3）方法能力：细致的观察能力、精要的描述能力、熟练的绘制能力。

学习目标

（1）知识目标：描述春秋季宽松型休闲装的款式、色彩和材料肌理特点。

（2）技能目标：能根据照片绘制完整的动态人体；能绘制春秋季宽松型休闲装效果图线描稿，表现春秋季宽松型休闲装与人体的空间感；能选择恰当的上色工具绘制春秋季宽松型休闲装的着色效果图；能绘制春秋季宽松型休闲装的正面、背面款式图。

（3）素质目标：根据学习要求与安排搜集、分析和整理信息，并进行沟通与表达。

教学建议

1. 教师活动

（1）教师展示春秋季宽松型休闲装图片，引导学生说出其特点。学生描述后教师进行补充，说明如何从款式、材料、色彩三大要素的角度分析春秋季宽松型休闲装的特点。重点学习毛织服装的表现。

（2）通过展示、分析与绘制春秋季宽松型休闲装的效果图，指导学生捕捉人体动态，绘制服装线稿，选用恰当工具进行上色，培养学生的效果图表现能力，尤其是毛织类服装的表现能力。

（3）通过展示、分析春秋季宽松型休闲装款式图，让学生正确表达常见春秋季宽松型休闲装前后款式的关联性和一致性。

2. 学生活动

（1）观察教师展示的春秋季宽松型休闲装图片，尝试思考和说出春秋季宽松型休闲装的特点，根据教师的补充说明，练习从三大要素的角度观察和描述春秋季宽松型休闲装的特点。

（2）观看教师的示范，分析绘制春秋季宽松型休闲装效果图，训练捕捉人体动态，绘制服装线稿和色稿的能力。

一、学习问题导入

观察春秋季宽松型休闲装图片（教师展示图片），尝试从三大要素的角度描述它们的 5～6 个特征。

二、学习任务讲解

1. 观察并分析服装范例

如图 5-19 所示的春秋季宽松型休闲装主要有上装和下装。上装是一件宽松的中长款宽松毛衣。这款毛衣针法变化多样，具有毛织类服装肌理的典型特点。粗糙的毛织质感和丰富的色彩渐变是其明显特点。下装是一款宽松型 O 形裤，突出特点是膝盖处为裤腿部分最宽松的部位，而脚口偏小。色彩在黑色基调上进行蓝色的变化，白色明线的装饰使其具有时尚休闲的动感。

2. 观察并绘制人体

人体按照走姿的动态规律进行绘制（图 5-20），绘制时注意以下几点。

（1）人体全长与头部的比例关系。

（2）头部、颈部、肩部的动态关系。

（3）肩部与胯部的运动方向关系。

（4）前踏脚为重心落点。

3. 起形

用铅笔按照春秋季宽松型休闲装款式的特点确定毛衣各个部位的长度比例、裤子的长度比例以及针织腰部装饰的位置及宽度比例。准确表现 O 形裤的宽松程度与人体腿部的空间关系，注意仔细观察毛织服装针法形成的菱形、扭花图案效果，大致用铅笔轻轻勾勒。同时将发型、五官、鞋子都绘制出来。保留人体基本轮廓，便于判断空间关系是否正确，如图 5-21 所示。

图 5-19 春秋季宽松型休闲装范例

图 5-20 绘制人体　　　图 5-21 起形

4. 勾线

根据服装、人体、配件的不同需要，选择恰当粗细的针管笔进行勾线。人体、头发都属于浅色的部分，可以选择 0.05 mm 针管笔或灰色勾线笔进行勾线；毛衣的色彩深浅丰富，可以选用中灰色勾线笔进行勾线，完成上色后再进行后续线条整理；裤子、鞋子、腰部装饰部分整体色彩偏深的颜色，可以选择 0.5 mm 或 0.8 mm 的针管笔勾线，如图 5-22 所示。

5. 马克笔铺色

选用肤色马克笔绘制头部色彩，强调头发附近及五官的暗部，绘制颈部的时候可以按照颈部的肌肉走向留白。O 形裤选用深灰色马克笔铺色，确定裤子的深色基调，注意大面积留白，便于后续的色彩变化，如图 5-23 所示。

选用浅灰色马克笔铺绘制上一步 O 形裤留白的部分，选用 BR 勾线笔绘制鞋子的暗部。图片中的鞋子皮革面较为光滑，反光强烈，注意在绘制时每条褶皱都要有留白，如图 5-24 所示。

用 BR 勾线笔绘制腰部的装饰。BR 勾线笔的笔触粗细可以根据绘制的力度进行变化，适合表现螺纹针织的肌理细节，如图 5-25 所示。

图 5-22 勾线　　　图 5-23 马克笔铺色 1　　　图 5-24 马克笔铺色 2　　　图 5-25 马克笔铺色 3

6. 裤子及腰部装饰上色

选用深蓝绿色系的彩铅，在腰部装饰及裤子的铺色基础上进行涂色，注意观察图片中裤子颜色的渐变区域。灰黑色系马克笔的铺色基础，会使彩铅的上色手感更加顺滑，颜色也显得更加深沉，接近图片效果，如图 5-26 所示。

7. 毛衣上色

选用蓝绿色系的彩铅进行上色，按照"先浅色后深色"的顺序逐步给毛衣进行铺色，如图 5-27 所示。随着铺色的深入，注意用阴影表现毛织材料的凹凸肌理，如图 5-28 所示。

图 5-26 裤子及腰部装饰上色   图 5-27 毛衣上色 1   图 5-28 毛衣上色 2

8. 毛衣进一步上色

毛衣的色彩变化丰富，需要我们耐心地按照色彩的分布，用彩铅逐步完成上色，如图 5-29 ～图 5-31 所示。

图 5-29 毛衣进一步上色 1   图 5-30 毛衣进一步上色 2   图 5-31 毛衣进一步上色 3

9. 头发和五官上色

选用 0.03 mm 勾线笔描绘眼线和瞳孔，用肤色彩铅融合马克笔和留白的边界，如图 5-32 所示。用棕色系彩铅强调头发、五官、颈部的立体感，如图 5-33 所示。用棕黄色笔绘制头发和眼睛，用裸粉色笔绘制嘴唇，如图 5-34 所示。

图 5-32 头发和五官上色 1　　图 5-33 头发和五官上色 2　　图 5-34 头发和五官上色 3

10. 整理效果图

检查上色、勾线的各个细节，补充白色明线、光影面积等细节，完成春秋季宽松型休闲装的效果图绘制，如图 5-35 所示。

11. 绘制款式图

（1）毛衣款式为过臀的中长款，绘制的时候要注意衣长比例，同时注意袖长与衣长形成的长短位置差异。

（2）圆领注意领宽和领深的比例。

（3）为了突出毛衣的肌理，前片款式图中可以保留局部针法花纹的肌理，后片则可以省略。

（4）裤子的长度为九分裤，按照裤子的风格，裆深可以比普通的裤子偏长一些，注意比例准确。

（5）裤子的明线装饰离前中心线较近，因而考虑将裤子的拉链设计为金属明拉链。

（6）裤子上的白色明线装饰用虚线表示。

（7）裤腿造型为 O 形裤，准确绘制出膝围和脚口的宽度差。

（8）后片除了和前片廓形一致外，省道也设计了同类型的明线装饰。

（9）腰部装饰作为配饰，可以不绘制款式图。

春秋季宽松型休闲装款式图如图 5-36 和图 5-37 所示。

图 5-35 春秋季宽松型休闲装效果图

图 5-36 春秋季宽松型休闲装款式图 1

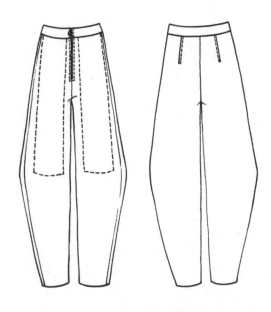

图 5-37 春秋季宽松型休闲装款式图 2

三、学习任务小结

通过本次任务的学习，同学们已经初步掌握了春秋季宽松型休闲装效果图与款式图的绘制方法和表现技巧。春秋季宽松型休闲装毛织品类针法变化丰富，图案装饰多样，大家要在课后多搜集相关品类的图片，主动思考，加强练习，提升表现技能。

四、课后作业

以图 5-38 作为参考，完成春秋季宽松型休闲装效果图和款式图的绘制。正面款式图按图片中的上衣、裙子进行绘制，后片款式图则需要自己尝试设计，注意保持前后的设计风格、廓形一致。

图 5-38 春秋季宽松型休闲装参考图

学习任务 三

宽松型大衣效果图与款式图表现

教学目标

（1）专业能力：引导学生从三大要素的角度观察并描述宽松型大衣的特点，抓住人体动态，表达宽松型大衣与人体的正确空间关系，并根据宽松型大衣的色彩和肌理进行着色。

（2）社会能力：能搜集、归纳和整理同类型宽松型大衣案例，并进行相关特点分析。

（3）方法能力：引导学生养成先整体再局部的观察、描述、绘制能力。

学习目标

（1）知识目标：表述宽松型大衣的款式、色彩与材料特点。

（2）技能目标：能绘制完整的动态人体；能绘制宽松型大衣效果图和款式图。

（3）素质目标：能根据学习要求进行宽松型大衣效果图的设计创作。

教学建议

1. 教师活动

（1）教师展示宽松型大衣图片，引导学生说出宽松型大衣的结构特点，学生描述后教师进行补充说明。

（2）通过师生的互动分析，指导学生捕捉人体动态，绘制宽松型大衣线稿和效果图，培养学生的手绘表现能力。

（3）引导并示范如何观察宽松型大衣各个部位的比例关系、形态特点，示范宽松型大衣效果图和款式图绘制的方法。

2. 学生活动

（1）观察教师所展示的服装，尝试说出宽松型大衣的特点，根据教师的补充说明做笔记。

（2）观看教师绘制宽松大衣效果图的过程，训练捕捉人体动态、绘制服装线稿和色稿的能力，训练绘画技巧。

（3）观看教师的示范，进行宽松型大衣款式图的绘制练习。

一、学习问题导入

仔细观察图 5-39 所示的大衣款式，尝试描述大衣的款式、色彩、材料等。

二、学习任务讲解

1. 观察并分析服装范例

如图 5-39 所示的大衣是一件宽松 H 版型大衣，衣长至小腿中部，为中长款，面料采用粗花呢，面料质感挺括，肌理效果较为粗糙。大衣的零部件设计装饰比较丰富，肩部有肩章扣，袖口配有袖袢，口袋部分打破常规比例，设计得比较宽大。从胸部到臀部使用不同材质的面料进行拼接设计，并使用腰带束腰，既突显了女性腰线的美感，也使大衣更具层次感。

2. 观察并绘制人体

人体按照走姿的动态规律进行绘制（图 5-40），绘制时注意以下两点。

（1）人体全长与头部的比例关系。

（2）前踏脚为重心落点。

3. 起形

用铅笔起稿，确保大衣与人体的空间感与服装的尺寸。准确绘制大衣的长度、宽松程度、款式特征；大衣整体廓形宽松，要注意服装与人体的空间距离，不要过分贴体。同时将发型、五官、鞋子、配件都绘制出来。注意用笔要轻，避免划伤纸张，影响后续上色。绘制的过程中不要把人体基本轮廓的铅笔线擦掉，便于观察服装与人体的空间关系是否正确，如图 5-41 所示。

4. 勾线

根据大衣厚重的特性，选择较粗的针管笔进行勾线。人体颜色较浅，可以选择 0.05 mm 针管笔或灰色勾线笔进行勾线；大衣的颜色偏深，质感粗糙，可以选择 0.5 mm 针管笔勾线；鞋子的勾线笔可以与大衣一致，以体现鞋子的厚重感，如图 5-42 所示。

图 5-39 宽松型大衣范例

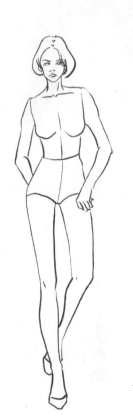  

图 5-40 绘制人体　　　　图 5-41 起形　　　　图 5-42 勾线

项目五
与宽松型款式服装效果图表现图

5. 绘制肤色

用肤色马克笔绘制皮肤的颜色。上色时注意人体的立体感，绘制人体阴影并在高光部分留白，如图5-43所示。

6. 绘制中灰色上衣部分

观察服装面料受光之后的色彩分布，选用中灰色马克笔进行平涂铺色，并用深灰色进行叠加，表现面料的立体感和厚重感，如图5-44所示。

7. 绘制发色

选用暖黄色马克笔绘制发色，再用橘黄色强调阴影部分，注意仍需有一定的留白，因为受到光线照射，发色会产生高光，如图5-44所示。

8. 大衣的肌理效果

大衣采用粗花呢面料，肌理效果明显，可以尝试用棉花沾上水彩颜料，印制在大衣的灰色面料部分，产生碎点状的肌理效果，如图5-45所示。

图 5-43 绘制肤色　　　　图 5-44 绘制中灰色上衣部分和发色　　　　图 5-45 大衣的肌理效果

9. 绘制腰封

用墨绿色的马克笔绘制腰封与口袋的色彩，袜子的色彩同步进行绘制，如图 5-46 所示。

10. 绘制鞋子

黑色皮鞋质感光滑，注意留白以体现质感，如图 5-46 所示。

11. 深入刻画头部

用橘色彩铅深入刻画鼻梁、鼻底、眉骨、脸部四周的体积感。用橘色彩铅加深头发的阴影部分，注意随着头发的丝缕弧度上色，区分头发的前后空间关系。用 0.05 mm 勾线笔或暖灰色勾线笔绘制眉毛、眼线、唇中缝，重点加强眼尾睫毛根部的线条。选用浅蓝色彩铅绘制眼珠，红色彩铅绘制眼尾部分和唇部，如图 5-47 所示。

12. 整理效果图

用黑色毛笔或勾线笔勾画大衣的轮廓及内部细节线条。同时检查配件、人体、头发等部位的细节，进行补充整理，完成效果图，如图 5-48 所示。

13. 绘制款式图

（1）本款大衣为大翻领军装风格大衣，零部件设计丰富。绘制款式图时要仔细观察各个部位的长度、大小比例关系。

（2）注意本款大衣款式为宽松 H 版型，腰线不要过分收窄。

（3）大衣腰带、袖袢等明线装饰的部分要用虚线来表示。

（4）后片与前片的廓形相同，绘制分割线条的时候注意与前片的一致性和关联性。

宽松型大衣款式图如图 5-49 所示。

图 5-46 绘制腰封和鞋子

图 5-47 深入刻画头部

图 5-48 宽松型大衣效果图　　　　　　　图 5-49 宽松型大衣款式图

三、学习任务小结

通过本次任务的学习，同学们尝试了用全新的方法绘制宽松型大衣粗花呢面料的肌理和色彩，并且理解了宽松型大衣与人体的空间关系，课后可以结合更加丰富的大衣面料肌理进行绘制练习，熟练运用多种绘画技巧。

四、课后作业

课后请大家以图 5-50 作为参考，完成服装效果图和款式图的绘制练习，其中背面款式图需要在教师的指导下自行设计，注意后片与前片的一致性和关联性。

图 5-50 宽松型大衣参考图

学习任务

四

宽松型羽绒类服装效果图与款式图表现

教学目标

（1）专业能力：引导学生从三大要素的角度观察并描述宽松型羽绒类服装的特点；抓住人体动态，表达宽松型羽绒类服装与人体的正确空间关系；根据宽松型羽绒类服装的色彩和肌理进行着色。

（2）社会能力：能搜集、归纳和整理同类型服装案例，并进行相关特点分析。

（3）方法能力：细致的观察能力、精要的描述能力、熟练的绘制能力。

学习目标

（1）知识目标：描述宽松型羽绒类服装的款式、色彩和材料特点。

（2）技能目标：能根据照片绘制完整的动态人体；能绘制宽松型羽绒类服装效果图线描稿，表现宽松型羽绒类服装与人体的空间感；能选择恰当的上色工具绘制宽松型羽绒类服装的着色效果图；能绘制宽松型羽绒服和褶裙的正面、背面款式图。

（3）素质目标：根据学习要求与安排搜集、分析和整理信息，并进行沟通与表达。

教学建议

1. 教师活动

（1）教师展示宽松型羽绒类服装图片，引导学生说出宽松型羽绒类服装的特点。学生描述后教师进行补充，从款式、材料、色彩三大要素讲明宽松型羽绒类服装的特点。

（2）通过展示、分析与绘制宽松型羽绒类服装的效果图，指导学生捕捉人体动态，绘制具有空间感的服装线稿，选用恰当的工具上色，培养学生的效果图表现能力。

（3）通过展示、分析与绘制宽松型羽绒类服装款式图，让学生正确表达宽松型羽绒类服装前后款式的关联性和一致性。

2. 学生活动

（1）观察教师展示的宽松型羽绒类服装，尝试思考和说出宽松型羽绒类服装的特点，练习从三大要素角度观察和描述羽绒类服装的特点。

（2）观看教师的示范，绘制宽松型羽绒类服装的效果图，训练捕捉人体动态、绘制羽绒类服装线稿和色稿的能力。

一、学习问题导入

仔细观察图 5-51 所展示的羽绒类服装，尝试从款式、色彩、材料的角度描述其特征。

二、学习任务讲解

1. 观察并分析服装范例

图 5-51 中的服装主要有两件，我们分上装和下装分别描述。上装是一件色彩对比强烈的假两件短款羽绒服。螺纹立领、羽绒大翻领以及双头拉链加分割线的设计带来两件叠穿的视错觉，羽绒服的袖子采用开口设计。金属按扣、金属拉链、闪光面料结合字母装饰共同表现了本款羽绒服的时尚感。

下装是一条廓形简洁的深蓝色中长褶裙，前片破缝设计中装饰了压褶薄纱，优雅而灵动，如图 5-51 所示。

2. 观察并绘制人体

人体按照走姿的动态规律进行绘制（图 5-52），绘制时注意以下几点。

（1）人体全长与头部的比例关系。

（2）头、颈、肩的动态关系。

（3）肩部与胯部的运动方向。

（4）前摆臂与前踏脚相反。

（5）前踏脚为重心落点。

图 5-51 宽松型羽绒类服装范例

3. 起形

用铅笔按照羽绒类服装款式的特点，确定出羽绒服的衣长、袖长、领子比例，尤其要注意羽绒类服装体积的膨胀表现。仔细观察褶裙长度与小腿比例的关系，准确绘制褶裙的长度，根据人体走动的幅度表现出裙子褶皱的动感。同时将发型、五官、眼镜、手拿包、鞋子等都绘制出来，注意用笔要轻。绘制过程中尽量保留人体基本轮廓的铅笔稿，便于判断服装与人体的空间关系是否正确，如图 5-53 所示。

图 5-52 绘制人体　　　　图 5-53 起形

4. 勾线

根据服装、人体、配件的不同需要，选择恰当粗细的针管笔进行勾线。皮肤部分选用 0.05 mm 针管笔或灰色勾线笔进行勾线，其他深色部分可以选择 0.5 mm 针管笔勾线。本款服装的翻领部分颜色亮丽，可以尝试用黄色的勾线笔进行勾线。勾线完成后擦去铅笔底稿，如图 5-54 所示。

5. 绘制黄色的翻领

选择亮黄色马克笔按照褶皱的走向进行上色，注意羽绒服的常用面料质感光滑，光泽感强，车缝线与膨胀的体积感共同形成了细碎的褶皱，绘制时注意留白，以便体现这一特点，如图 5-55 所示。

6. 加深黄色翻领的阴影

选用深一点的黄色马克笔，加深黄色翻领的暗部，用笔的方向和笔触的粗细要注意体现出细碎褶皱，如图 5-56 所示。

图 5-54 勾线　　　　　　　图 5-55 绘制黄色的翻领　　　　图 5-56 加深黄色翻领的阴影

7. 蓝色羽绒服上色

选择 3 支同色系、不同深浅的蓝色马克笔。首先用浅蓝色马克笔，按照羽绒服的车线分段及细碎的褶皱进行第一遍铺色，特别注意运用留白手法，如图 5-57 所示。然后用中蓝色马克笔，把细小的笔触填进褶皱的灰部，增加羽绒服的光泽感和体积感，如图 5-58 所示。最后用深蓝色马克笔绘制羽绒服的暗部。三支马克笔分别确定了羽绒服的亮部、灰部和暗部，用高光笔提亮羽绒服褶皱中的反光，使上色的层次丰富，富有变化，如图 5-59 所示。

图 5-57 蓝色羽绒服上色 1　　　图 5-58 蓝色羽绒服上色 2　　　图 5-59 蓝色羽绒服上色 3

8. 褶裙和手拿包上色

褶裙的整体颜色比羽绒服暗一些，可以先用深灰色马克笔绘制出裙子暗部的褶皱。注意仔细观察，按照褶皱的走向进行绘制，同时绘制手拿包的色彩，如图5-60所示。

选用深蓝色绘制褶裙的本色，注意蓝色的选用要与羽绒服有所区分，范例中选用了偏紫的深蓝色。褶裙的面料质感与羽绒服相比较粗糙，留白较少，注意控制马克笔上色的边缘，同时绘制包带的色彩，如图5-61所示。

用BR勾线笔或秀丽笔画出裙子压褶部分的暗部，亮部留待上色。同时使用秀丽笔、勾线笔等绘制出纱网内搭服装的领口和字母装饰，以及包带的暗部和手套，注意手套褶皱的细碎留白，如图5-62所示。

9. 皮肤上色

用肤色马克笔平铺皮肤底色，注意头部重点铺阴影部位，颈部注意肌肉、锁骨的留白；腿部在边缘位置留白，如图5-63所示。用棕色系彩铅加深皮肤的暗部，注意用色要均匀，体现光滑的皮肤质感，如图5-64所示。

10. 头发和配件上色

选用棕色马克笔给头发上色，注意用笔的方向，用留白区分头发的分组，如图5-65所示。

图5-60 褶裙和手拿包 上色1　　图5-61 褶裙和手拿包 上色2　　图5-62 褶裙和手拿包 上色3

图5-63 皮肤上色1　　图5-64 皮肤上色2　　图5-65 头发和配件上色

11. 深入刻画

用浅棕色马克笔对头发的亮部进行铺色，光泽感可以通过留白或高光笔提亮来表现。橙色的眼镜可以用橙黄色系的彩铅来表现。用裸粉色彩铅绘制嘴唇。用黑色彩铅薄涂褶皱暗部来表现纱网质地的内搭服装以及裙子内部的压褶纱。用银笔点绘提亮金属拉链。用高光笔绘制羽绒服上的字母装饰。用秀丽笔、黑色彩铅绘制鞋子部分，如图 5-66 所示。

12. 整理效果图

检查上色、勾线的各个细节，并补充整理，完成宽松型羽绒类服装的效果图绘制，如图 5-67 所示。

13. 绘制款式图

（1）羽绒服为短款，绘制的时候要注意衣长与袖长的比例。

（2）绘制羽绒服的时候可以选择两个型号的勾线笔，外轮廓使用 0.03 mm 勾线笔，内部褶皱使用 0.01 mm 勾线笔，做到内外线条的区分。

（3）羽绒服明线产生的细碎褶皱要仔细绘制。

（4）注意羽绒服罗文领、下摆的线条排列变化。

（5）褶裙的腰型为无腰头设计。

图 5-66 深入刻画　　　　图 5-67 宽松型羽绒类服装效果图

（6）裙长至小腿中部，注意腰宽与裙长的比例关系。

（7）褶裙前片破缝线中装饰了压褶薄纱，注意细节表现。

（8）注意褶裙后片的廓形与破缝线位置与前片一致。

宽松型羽绒类服装款式图如图 5-68 所示，褶裙款式图如图 5-69 所示。

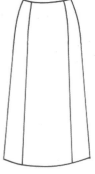

图 5-68　宽松型羽绒类服装款式图　　　　图 5-69　褶裙款式图

三、学习任务小结

通过本次任务的学习，同学们已经初步了解了宽松型羽绒类服装的绘制细节。羽绒类服装的廓形有时还可以采用夸张的表现手法，以更加突出服装的体积感。羽绒类服装的色彩艳丽明快，很适合用马克笔进行绘制。大家在课后需要多练习，以熟练运用马克笔。

四、课后作业

以图 5-70 作为参考，完成宽松型羽绒类服装效果图和款式图的绘制。正面款式图按图片进行绘制，后面款式图则需要自己尝试设计，注意前后保持设计风格、廓形一致。

图 5-70　宽松型羽绒类服装参考图

宽松型皮草类服装效果图与款式图表现

教学目标

（1）专业能力：引导学生从三大要素的角度观察并描述宽松型皮草类服装的特点，抓住人体动态，表达宽松型皮草类服装与人体的正确空间关系，并根据宽松型皮草类服装的色彩和肌理进行着色。

（2）社会能力：能搜集、归纳和整理宽松型皮草类服装案例，进行相关特点分析。

（3）方法能力：引导学生养成先整体再局部的观察、描述、绘制能力。

学习目标

（1）知识目标：描述宽松型皮草类服装的款式、色彩与材料特点。

（2）技能目标：能绘制完整的动态人体；能绘制宽松型皮草类服装效果图和款式图。

（3）素质目标：根据学习要求，搜集相关图片并进行沟通与表达。

教学建议

1. 教师活动

（1）教师展示宽松型皮草类服装的图片，引导学生说出宽松型皮草类服装的特点。

（2）选择一张图片作为范例，指导学生捕捉人体动态，绘制线稿。根据图片中的面料的肌理效果示范宽松型皮草类服装效果图绘制步骤。

2. 学生活动

（1）观察教师展示的宽松型皮草类服装，尝试从三大要素的角度思考和描述其特点。

（2）观看教师的示范，练习绘制宽松型皮草类服装的效果图。

一、学习问题导入

仔细观察图 5-71 所示的宽松型皮草类服装范例，尝试从款式、色彩、材料三大要素的角度描述该服装的特点。

二、学习任务讲解

1. 观察并分析服装范例

如图 5-71 所示的皮草类服装是一件宽松茧型的翻驳领皮草大衣，衣长为中长款，大衣为呢面料，质感挺括，大衣下摆拼接皮草材料。内搭堆领豹纹连衣裙，袖口雪纺花边对大衣起到点缀作用，胸部金属项链增添了服装的华丽感。

2. 观察并绘制人体

人体按照站姿的动态规律进行绘制（图 5-72），绘制时注意以下两点。

（1）人体全长与头部的比例关系。

（2）由于两只脚均分人体的重量，重心落于两脚中间。

图 5-71 宽松型皮草类服装范例

3. 起形

用铅笔起稿，注意用服装与人体的空间距离来表现服装的厚重感。准确绘制皮草大衣的长度、廓形、双排扣、翻驳领、口袋等款式特征，注意皮草、裙子和腿部的长度比例关系，同时将发型、五官、鞋子、配件都绘制出来。绘制的过程中保留人体轮廓，以便观察服装与人体的空间关系是否正确，如图 5-73 所示。

4. 勾线

根据呢子大衣的厚重感，选择较粗的针管笔进行勾线，人体肤色较浅，可以选择 0.05 mm 针管笔或灰色勾线笔进行勾线；服装的皮草部分，建议选择铅笔绘制轮廓或者直接留白；装饰金属链使用 0.1 mm 的勾线笔绘制，注意链环的穿插关系，如图 5-74 所示。

图 5-72 绘制人体　　　　　图 5-73 起形　　　　　图 5-74 勾线

5. 绘制肤色

用肤色马克笔绘制脸部和腿部的皮肤，上色时注意人体的立体感，区分阴影与高光部分。肤色还没干透时迅速用浅灰色马克笔铺涂浅灰色，以表现丝袜的透明感，如图5-75所示。

6. 绘制豹纹面料的底色部分

选用橘黄色马克笔绘制打底连衣裙。观察服装面料受光之后的色彩分布，然后进行铺色，橘色部分进行叠加绘制以表现面料的光影。袖口雪纺部分留白，以突出雪纺的轻薄质感，如图5-76所示。

7. 绘制皮草大衣

用灰色、黑色马克笔点涂连衣裙的豹纹，注意豹纹分布要美观，可以用黑色彩铅加深领口、裙子上端，表现大衣在内搭服装上的投影。

选用橘红色系马克笔绘制外套，观察服装面料受光后的色彩分布，进行逐层铺色。马克笔绘制过程中会出现晕色的现象，在绘制项链等细小部分时要尤其小心，如图5-77所示。

8. 深入绘制皮草大衣

仔细观察大衣暗部的阴影分布，用大红色的马克笔绘制大衣暗部，加强服装的立体感。选用水彩工具绘制皮草部分的肌理。先用浅棕色铺底色，注意水分不要太多，再用勾线毛笔蘸取浅棕色颜料，顺着皮草的毛向加重皮草的阴影，初步表现出皮草的肌理特点。皮草的部分用水彩绘制，需要一定的时间晾干后才能进行下一步，我们可以利用这个时间段先绘制头部，如图5-78所示。

图 5-75 绘制肤色　　　图 5-76 绘制豹纹面料的底色部分

图 5-77 绘制皮草大衣　　　图 5-78 深入绘制皮草大衣

9. 深入刻画头部

　　检查一下前面绘制的面部铺色，先用橘色系彩铅深入刻画鼻梁、鼻底、眉骨、脸部四周的体积感，再用0.05 mm勾线笔或暖灰色勾线笔给眉毛、上眼睑、鼻孔、唇中缝勾线，重点加强眼尾睫毛根部的线条。头发的颜色先用浅棕色平涂，然后用棕黑色系绘制阴影部分，区分出前后空间关系。最后用红色彩铅在眼尾和唇部上妆，如图5-79所示。

图5-79 深入刻画头部

10. 深入绘制皮草效果及勾线整理

　　用浅棕色的水彩绘制皮草，等水分完全干燥之后，继续用棕色水彩绘制皮草，逐步加深，最暗的部分可以用黑色绘制。最后再用白色颜料提亮整理，体现出丰富美观的皮草质感。

　　用勾线笔或黑色毛笔勾画外轮廓，裙摆部分稍加粗，以体现立体感。用黑色秀丽笔深入刻画鞋头和鞋底的颜色，注意要留出高光，表现出体积感与皮鞋的质感。检查上色、勾线的各个细节，并补充整理，完成效果图，如图5-80所示。

11. 绘制款式图

　　（1）本款皮草大衣为茧型廓形设计，注意长度与宽度的比例关系。

　　（2）绘制翻驳领时要注意领角、领嘴、驳领宽度的对称。

　　（3）双排扣的门襟宽度较大，注意纽扣之间的中线才是服装中心线的位置。

　　（4）注意准确绘制袋盖和袖长之间的位置关系。

　　（5）定准皮草部分的长度，用碎线按照毛向排列表现出皮草的质感。

图5-80 宽松型皮草类服装效果图

（6）绘制后片时注意与前片廓形的一致性。

（7）后片设计为拼接后中心线，腰带的装饰纽扣与前片保持风格一致。

宽松型皮草类服装款式图如图5-81所示。

图 5-81 宽松型皮草类服装款式图

三、学习任务小结

本次绘制任务的过程中，同学们观察了宽松型皮草类服装与人体的空间关系，综合运用了马克笔、彩铅、水彩等上色工具，体现了皮草丰富的质感、花纹特点。皮草不仅可以作为服装领部、袖口、下摆的点缀，还可以作为整件服装的制作材料，绘制技巧熟练之后，大家可以尝试绘制更大面积的皮草肌理，熟练掌握绘制技巧。

四、课后作业

以图5-82作为参考，完成宽松型皮草大衣效果图和款式图的绘制练习，其中背面款式图需要在教师的指导下自行设计，注意后片与前片的一致性和关联性。

图 5-82 宽松型皮草大衣参考图

项目六
服装效果图与款式图作品赏析

学习任务 一

服装效果图作品赏析

教学目标

（1）专业能力：鉴赏服装效果图的表现形式和艺术特色。

（2）社会能力：能够运用专业知识分析服装效果图的表现技巧与特点。

（3）方法能力：资料搜集能力，分析、提炼及表现的能力。

学习目标

（1）知识目标：掌握服装效果图的鉴赏方法。

（2）技能目标：能够从服装效果图作品中总结出艺术表现的规律和技巧。

（3）素质目标：表述自己对服装效果图的理解与看法，具备一定的语言表达能力与绘画技巧。

教学建议

1. 教师活动

教师讲解服装效果图作品图片，提高学生对服装效果图的直观认识。同时运用多媒体课件、教学视频等教学手段，指导学生对服装效果图进行分析与鉴赏。

2. 学生活动

对服装效果图作品进行分析和评价。

一、学习问题导入

服装效果图艺术表现手法众多，表现风格各异，每种风格和式样都有独特的艺术魅力。鉴赏和分析优秀的服装效果图作品，可以借鉴优秀作品的表现方法，总结和归纳表现方式，快速提升自己的审美眼光和表现技巧，是学习服装效果图的一条捷径。服装本身具有艺术性与技术性的双重性质，服装效果图的审美既是艺术又是技术，既能解读服装的功能与设计，又能够展现服装画的艺术魅力。

二、学习任务讲解

服装效果图由人体与服装两部分组成，在掌握人体结构和造型的基础上，还要研究人体与服装的关系。人体着装的规律包括服装廓形、服装受力点、衣纹规律等方面。服装效果图的最终效果呈现与人体动态、服装材质以及服装成型工艺等方面紧密相连。

（1）服装效果图作品赏析一。

本组作品以马克笔作为主要表现工具，充分发挥了马克笔快捷、通透、流畅的特点，在人体姿态表现、质感表现、光影表现和空间表现等方面处理得当。作品用笔帅气，笔触豪放，色彩协调，细节精致，将服装的样式、面料的质感、空间的光感和立体感表现得淋漓尽致，给人以清新、明快、灵活、飘逸的印象，如图 6-1 所示。

图 6-1 马克笔服装效果图作品

（2）服装效果图作品赏析二。

本组作品参考服装秀场展示效果以仿制方式进行绘制，表现风格写实，造型严谨，细节生动，作品轻松、自然，简明扼要。这种与实景照片相结合进行服装效果图创作的方式，有助于抓住人体的动态和服装的造型特征，快速地将服装的样式仿造出来，对于提升快速造型能力和速写绘制能力有较大帮助，如图6-2所示。

（3）服装效果图作品赏析三。

系列是指相互关联的成组成套的事物或现象。服装系列设计包含两个核心点：一是共性；二是个性。共性是指一个系列的服装设计要把握好整体风格、元素、色彩、材质的统一性和协调感。个性是指每个单款需要有差异化，比如造型、样式、面料、配饰等。如图6-3所示服装效果图系列作品以暖色调为主调，色彩协调，表现风格以写实为主，注重笔触的变化与细节的精致刻画，体现出多样性的统一。

图6-2 与实景照片相结合的服装效果图作品

图6-3 服装效果图系列作品

（4）服装效果图作品赏析四。

本组服装效果图作品采用写意的表现风格，造型简约、大气，用笔简洁、明快，色彩纯净、朴实，注重表现画面的意境和氛围，省略了烦琐的细节刻画，体现出较强的整体感和协调感，如图6-4所示。

（5）服装效果图作品赏析五。

本组服装效果图作品采用中国工笔国画的表现手法，造型精准，用笔细腻、精致，细节生动，色彩协调，整体画面表现出宁静、安详、朴实无华的意境，如图6-5所示。

图6-4 写意风格服装效果图作品

图6-5 中国工笔国画表现的服装效果图作品

（6）服装效果图作品赏析六。

本组服装效果图作品是著名服装设计大师迪奥的设计手稿。其运用轻松、活泼、简约的表现方式，生动传神地将服饰飘逸、浪漫的气质和魅力表现了出来，如图6-6所示。

（7）服装效果图作品赏析七。

本组服装效果图作品运用水彩的绘制方式，表现出轻质面料服装玲珑剔透的美感，水色交融中表现出生动、唯美的画面效果，如图6-7所示。

图6-6 迪奥服装效果图作品

图6-7 水彩服装效果图作品

（8）服装效果图作品赏析八。

　　本组服装效果图作品运用彩铅、马克笔结合的表现手法，造型严谨，色彩过渡自然，细节刻画细腻，画面精致、耐看，如图6-8所示。

图6-8　彩铅与马克笔相结合的服装效果图作品

（9）服装效果图作品赏析九。

本组服装效果图作品运用彩铅、水彩渲染结合的表现手法，对人物造型做了夸张处理，通过加长腿部，让人物的身材更加修长。色彩过渡均匀、自然，细节刻画精致，画面生动、写实，如图 6-9 所示。

（10）服装效果图作品赏析十。

本组服装效果图作品采用速写的表现手法。人物造型做了简化处理，线条生动、流畅，色彩简单明了，省略了细节，整体画面简洁有力，极富表现力，如图 6-10 所示。

图 6-9　彩铅与水彩相结合的服装效果图作品

图 6-10　速写服装效果图作品

（11）服装效果图作品赏析十一。

本组服装效果图作品采用水粉的表现手法，色彩艳丽而厚重，层次丰富，笔触生动、活泼，极富装饰效果，礼服的立体感和转折关系表现得生动、传神，如图 6-11 所示。

（12）服装效果图作品赏析十二。

本组服装效果图作品采用水彩渲染的表现手法，色彩轻盈、透明，层次丰富，笔触生动、自然，画面效果清新、明快，如图 6-12 所示。

图 6-11 水粉服装效果图作品

图 6-12 水彩服装效果图作品

三、学习任务小结

通过对服装效果图作品的赏析与学习，同学们初步了解了服装效果图作品的表现形式、风格特点及绘制技巧，对服装效果图作品的鉴赏能力也有一定的提高。课后，同学们可以搜集更多优秀服装效果图作品，并详细查阅相关资料，进一步提升自己的艺术鉴赏能力和审美水平。

四、课后作业

搜集 20 幅服装效果图作品并进行鉴赏分析，制作成 PPT 进行展示。

学习任务 二

服装款式图作品赏析

教学目标

（1）专业能力：理解服装款式图款式结构，创造性地赏析服装款式图作品。

（2）社会能力：能够运用所学的专业知识分析服装款式图的绘制技巧与要求。

（3）方法能力：资料搜集能力，分析、提炼及表现的能力。

学习目标

（1）知识目标：了解服装款式图优秀作品的比例及规格要求。

（2）技能目标：能够从服装款式图作品中总结出绘制的规律；能够理解服装款式图的表现特点。

（3）素质目标：表述自己对服装款式图的理解与看法，具备一定的绘制技巧。

教学建议

1. 教师活动

教师通过讲解搜集的服装款式图作品，提高学生对服装款式图的直观认识。同时运用多媒体课件、教学视频等教学手段，讲授服装款式图的学习要点，指导学生对服装款式图进行分析与鉴赏。

2. 学生活动

对服装款式图作品进行分析和评价，训练服装款式图的绘制能力。

一、学习问题导入

服装款式图的绘制是服装设计师必须掌握的基本技能之一，是表达服装样式的基础方式，也是传达设计理念的重要手段。服装款式图设计可以清晰表现出服装的制作工艺、材质要求、款式说明以及设计创作思维等，为后续服装的生产和制作提供指导性的参照。

二、学习任务讲解

服装款式图要求结构严谨，比例准确，左右对称，一般采用直线均匀勾画，线条粗细规范统一。绘制服装款式图时可借助直尺和弧线尺。服装款式图除要遵循一定的美学原则外，还要注重对服装基本功能及工艺结构的描述，因此在绘制服装款式图时，要清晰地表达出服装的结构和服装设计的意图。

1. 绘制服装款式图的步骤

（1）服装款式图要符合人体结构比例，例如肩宽、衣长、袖长等。

（2）由于人体是对称的，凡需要对称的地方一定要左右对称（不对称的设计除外），如领子、袖子、口袋、省缝等部位。

（3）服装款式图线条表现要清晰、圆滑、流畅，虚实线条要分明，因为服装款式图中的虚实线条代表不同的工艺要求。

（4）要有一定的文字说明，如特殊工艺的制作、型号的标注、装饰明线的距离、唛头及线号的选用等。

2. 赏析服装款式图作品

服装款式图是指着重以平面图形特征表现、含有细节说明的设计图。服装款式图的作用主要体现在以下几个方面。

（1）服装款式图在企业生产中可以作为样图，用来规范指导生产，每一道工序的生产人员都必须根据所提供的样品及样图的要求进行操作。

（2）服装款式图是服装设计师意念构思的表达。每个设计者在设计服装时，首先都会根据实际需要在大脑里构思服装款式的特点，服装款式图就是设计师最好的表达方式。

（3）服装款式图能够快速地记录印象。手绘款式图比绘制效果图简单，且能够快速地把款式图的特点表现出来，因此在服装企业里设计师多是画平面款式图，如图 6-13 所示。

简单的线条描绘，面料褶皱简细节柔和和圆顺处理，整体看起来舒服不会坚硬，适当加倒影装饰下。

白色服装简单线条表现，注意褶皱位柔顺圆滑

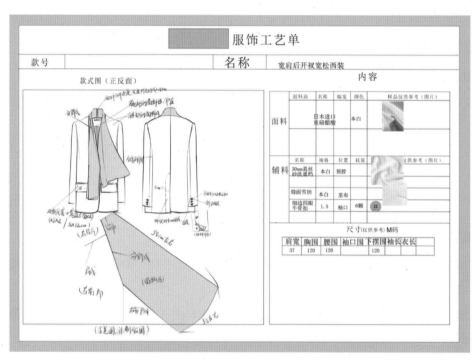

服饰工艺单

款号		名称	宽肩后开衩宽松西装	内容

款式图（正反面）

	面料商	名称	幅宽	颜色	样品仅供参考（图片）
面料		日本进口重磅醋酸		本白	

	名称	规格	位置	耗量	又供参考（图片）
辅料	30mm真丝砂洗重绉		本白	领静	
	缎面雪纺		本白	里布	
	细边四眼牛骨扣	1.5		袖口	6颗

尺寸（仅供参考）M码

肩宽	胸围	腰围	袖口围	下摆围	袖长	衣长
37	120	120				120

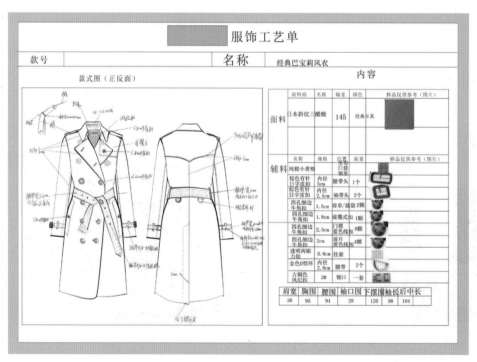

服饰工艺单

款号		名称	经典巴宝莉风衣	内容

款式图（正反面）

	面料商	名称	幅宽	颜色	样品仅供参考（图片）
面料		日本斜纹三醋酸	145	经典卡其	

	名称	规格	位置	耗量	样品仅供参考（图片）
辅料	纯棉小黄格		门襟/口袋/领面		
	棕色有针日字皮扣	内径5cm	腰带头	1个	
	棕色有针日字皮扣	内径2.5cm	袖带头	2个	
	四孔细边牛角扣	1.5cm	肩章/挂装	2颗	
	四孔细边牛角扣	1.8cm	前覆扣	1颗	
	四孔细边牛角扣	2.5cm	门襟蓝色线扣	8颗	
	四孔细边生角扣	2cm	前片黄色线扣	2颗	
	透明四眼方扣	0.8cm	挂唇		
	金色D型环	内径2.8cm	腰带	2个	
	古铜色风压扣	3m	领口	一套	

肩宽	胸围	腰围	袖口围	下摆围	袖长	后中长
38	95	94	28	120	56	104

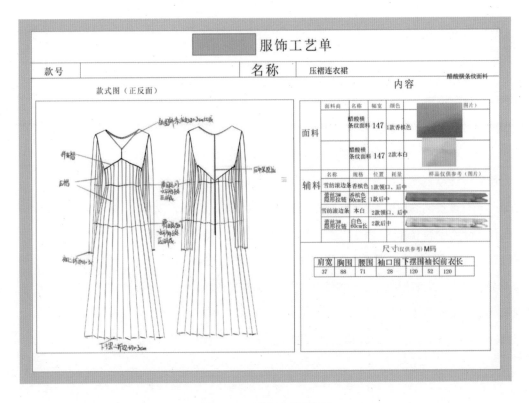

图 6-13 服装款式图作品

三、学习任务小结

通过对服装款式图作品的赏析与学习，同学们了解了服装款式图作品的绘制技巧。课后，同学们可以通过搜集更多的优秀服装款式图作品，并详细查阅相关资料，进一步提升自己的服装款式图绘制技巧。

四、课后作业

搜集 2 幅个人喜爱的服装款式图进行临摹。

要求：临摹时整体比例协调，款式图添加文字备注。

参考文献

[1] J 普 . 时装画手绘表现技法：从基础到进阶全解析 [M] . 北京：北京希望电子出版社，2018.

[2] 肖维佳 . 服装设计效果图手绘表现实例教程 [M] . 北京：北京希望电子出版社，2019.

[3] 哈根 . 美国时装画教程 [M] . 北京：中国轻工业出版社，2008.

[4] 唐伟，李想 . 服装设计款式图手绘专业教程 [M] . 北京：人民邮电出版社，2021.

[5] 袁春然 . 时装时光：袁春然的马克笔图绘 [M] . 北京：人民邮电出版社，2017.

[6] 史林 . 服装设计基础与创意 [M] . 2 版 . 北京：中国纺织出版社，2014.

[7] 肖文陵，李迎军 . 服装设计 [M] . 北京：清华大学出版社，2006.

[8] 马建栋，袁春然 . 完全手绘表现临本：时装画马克笔表现技法 [M] . 北京：中国青年出版社，2015.

[9] 王培娜，孙有霞 . 服装画技法 [M] . 北京：化学工业出版社，2007.

[10] 刘婧怡 . 时装画手绘表现技法 [M] . 北京：中国青年出版社，2012.